AF305766

DE
LA COMÈTE
DE HALLEY.

EXTRAITS DE LA NOTICE HISTORIQUE

DE M. LITTROW,

Astronome-praticien de l'Observatoire de Vienne.

***

Par M. A. Darlu,

Vice-Président de la Société d'agriculture, sciences et arts de Meaux.

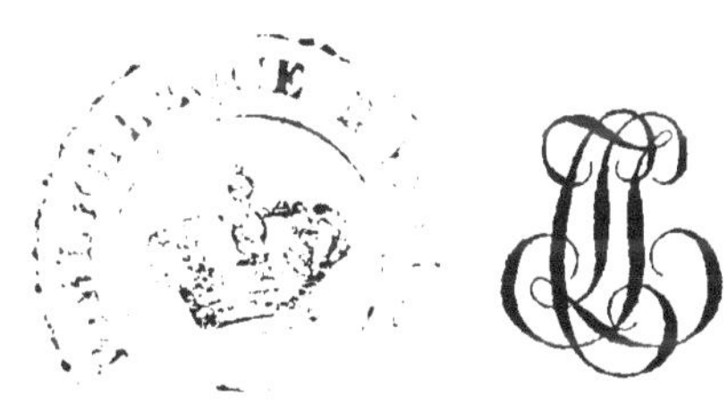

IMPRIMERIE DE J.-L. CHANSON.

A MEAUX,

Chez J.-L. CHANSON, IMPRIMEUR-LIBRAIRE-ÉDITEUR.

A PARIS,

CHEZ LES PRINCIPAUX LIBRAIRES.

1835.

INTRODUCTION.

Avant de présenter, sur la comète de Halley, quelques extraits de la notice historique de M. Littrow, savant astronome de Vienne, nous croyons utile d'offrir à ceux de nos lecteurs qui ne seraient pas familiarisés avec les connaissances élémentaires de l'astronomie, les moyens de se rendre compte de la cause la plus simple du mouvement des comètes en général. Nous invoquons à ce sujet la première règle des principes de Newton : « *Natura* (1), » *simplex, et rerum causis superfluis non luxuriat.* ».

La manière la plus naturelle de concevoir la gravitation des corps matériels, est de se les représenter enveloppés d'une sphère d'attraction, dont l'action constante, directe et continue s'opère par rayonnement. Nous nous figurerons que, du centre de gravité des corps célestes, partent des rayons attractifs, qui se divisent et se subdivisent infiniment, à l'instar des rayons lumineux (2), et pour un effet inverse. Nous n'avons ni qualité, ni mission, pour affirmer que l'attraction universelle se fait en rayonnant ; mais nous ne connaissons pas de manière plus simple d'expliquer la diminution de son intensité, conformément à la loi du carré des distances.

Si, par la pensée, nous circonscrivons à un corps céleste, comme centre, et à une certaine distance de ce corps, une limite sphérique ; sur tous les points de cette limite donnée, l'intensité de la force attractive sera la même, et aura une valeur proportionnelle à la masse du corps attirant, et à la distance de son centre de gravité. En doublant le rayon de cette sphère d'attraction, et circonscrivant, toujours par la pensée, une seconde limite sphérique, dont, par cette duplication du rayon, la

---

(1) La nature est simple, et n'est pas prodigue de causes surabondantes.

(2) Soit dit sans intention contre la doctrine des ondes.

alongée, doit éprouver une accélération de vitesse pendant une demi révolution, et un retard, pendant le parcours du reste de son orbite ; que les accélérations et les retards sont d'autant plus grands que la courbe elliptique se rapproche le plus de la ligne droite, et que, si, par impossible, la même courbe elliptique devenait à la longue un cercle parfait, toute accélération, et par conséquent tout retard deviendraient nuls; la vitesse de l'astre serait la même à tous les instants de sa révolution. Les géomètres laissent de côté toutes ces considérations, pour ne s'occuper que des propriétés de la courbe que décrivent les comètes; mais nous avons trouvé quelque intérêt à entrer plus avant dans l'examen des phénomènes, dont les causes sont restées si long-tems ignorées, et qui s'expliquent maintenant d'une manière si naturelle par les lois de la gravitation universelle. Cette attraction générale suffit encore pour conférer à un corps céleste, qui se meut autour d'un autre, le *mouvement propre*, dont nous avons parlé ci-dessus, et qu'on a cherché à expliquer par le mot *impulsion*, mot qui comporte en soi l'idée de projection d'arrière en avant (1).

La plupart des systèmes stellaires, où l'on a reconnu la dépendance d'étoiles d'un ordre inférieur sous d'autres d'un ordre plus considérable, présentent des phénomènes analogues à la révolution des comètes autour de notre soleil. Nous citerons à cette occasion un système qu'on peut observer à l'œil nu, celui de l'étoile ζ de la grande ourse, autour de laquelle paraît se mouvoir dans un orbite elliptique, une étoile très petite que les Allemands nomment *le petit cavalier*, parce qu'on la voit pendant fort long-temps au-dessus de l'étoile du milieu de la partie de la même constellation vulgairement appelée le timon du grand charriot ; cette petite étoile a, comme tous les corps célestes, un mouvement propre, indépendant de l'action centrale qu'exerce sur elle l'étoile principale,

---

(1) Il est certain que la force centrifuge, résultat de la rotation d'un corps matériel sur lui-même, peut être l'origine d'une impulsion; mais la cause antérieure même de la rotation, s'explique toujours par la gravitation.

puisque, sans cette force de translation préexistante, elle se précipiterait sur le centre attirant, comme on sait que le feraient toutes les planètes et comètes de notre système sans une telle cause. Pour ce qui concerne le système, solaire, la cause du mouvement de translation des corps qui en dépendent tient très probablement à la cosmogonie de ce système, question dont nous pourrons nous occuper à la fin de la notice ; mais nous disons qu'on peut rattacher directement à la gravitation l'origine du mouvement propre d'un satellite stellaire, retenu dans la dépendance d'un soleil principal. Nous observerons d'abord qu'il n'est pas présumable qu'un corps céleste quelconque reste dans une position fixe et invariable dans l'espace. Quelque isolées que puissent être des autres astres les étoiles prétendues fixes, leurs masses jouissent de cette propriété, qui paraît être identique à la matière, celle d'attirer et d'être attiré. Si les effets de cette propriété constitutive s'étendent aussi loin que ceux de la lumière, le concours d'une grande quantité d'astres, foyers d'actions attractives, si petites qu'on les suppose d'après leur immense distance, doit être capable de déplacer certains corps, et de les rapprocher à la longue d'autres centres de systèmes, dont ils se trouvaient primitivement très éloignés. Supposons donc, par exemple, deux soleils entrant dans la sphère d'attraction l'un de l'autre, par suite de la nature de leur direction propre ; il y a une infinité de chances à parier contre une, que cette direction ne sera pas en ligne droite, et que par conséquent ils ne se précipiteront pas l'un contre l'autre ; mais, en admettant même cette chance de la direction des deux corps célestes à la rencontre l'un de l'autre en ligne droite, il suffirait qu'un troisième astre, de masse analogue fût placé latéralement à cette direction, pour en opérer la déviation par la loi de la gravitation. Cette action universelle de l'attraction des graves suffit donc pour imprimer, mais non par impulsion, le mouvement propre d'un corps céleste, indépendamment des actions directes, qui, dans les systèmes complexes, retiennent les petits corps dans la dépendance des grands. C'est à une attraction secondaire de ce genre que sont dûes, dans notre système solaire, les perturbations des comètes. Les astres qui exercent sur ces corps diffus des influences attractives distinctes sont les planètes, et même les autres comètes, dont les masses, bien que très faibles, en comparaison de celle du soleil, deviennent très importantes par la diminution des distances. On peut jeter un coup d'œil sur la figure 1.re, et considérer les cercles pointés comme des orbites de planètes : si celles-ci se trouvent en un point de leur révolution qui se rapproche de la comète à son passage, l'action directe de l'attraction respective de ces corps fera dévier le plus léger (la comète) (1), soit en modifiant le plan de son orbite, soit en changeant la direction de ses axes, et par conséquent ses positions aphélie et périhélie, soit en augmentant ou diminuant l'accélération ou le retard de ses vitesses.

Pour prendre un exemple de ces anomalies sur la comète de Halley, ses perturbations ont été assez marquantes pour augmenter de 586 jours sa révolution depuis son périhélie de 1682 jusqu'à celui de 1759, comparativement au temps écoulé pendant sa précédente révolution de 1607 à 1682. Halley avait déjà remarqué que la comète avait dû éprouver une accélération sensible de vitesse pendant le cours de cette révolution, à cause de son passage très près de la puissante planète de Jupiter. Il devait donc en résulter une plus longue durée de révolution, jusqu'au retour suivant, arrivé le 13 mars 1759, puisque la somme des vitesses acquises avant le périhélie de 1682 devait demander un plus long espace de temps pour être annulée par les influences attractives du soleil, pendant la période du retard de la comète, jusqu'à son aphélie, reculé par là sur un prolongement du grand axe de l'orbite cométaire. Mais, s'il a fallu au même astre, pour revenir à son périhélie en 1759, par une demi-révolution (période de la chûte), plus de temps qu'il n'en avait mis de 1644 à 1682 (même période), il a re-

---

(1) On pourrait définir les comètes des atmosphères sans planète, et les satellites planétaires, des planètes sans atmosphère.

trouvé dans une plus longue durée de l'attraction solaire
un équivalent de la vitesse qu'il avait dûe à la planète de
Jupiter, pendant la révolution précédente, accomplie à
son périhélie de 1682 (1). Le retour de la même comète,
au même point, annoncé pour le mois de novembre
prochain, est à peu près équidistant des deux retours pré-
cédents, à une couple de mois près, résultat des perturbations dont les influences ont été calculées *approxima-
tivement*. Aussi nos habiles géomètres contemporains n'ont
ils annoncé, à l'exemple du célèbre Clairaut, que comme
approximatives, les éphémérides qu'ils ont publiées sur
la route quotidienne que va de nouveau parcourir l'astre
intéressant que nous attendons.

Les considérations dans lesquelles nous venons d'entrer
ont eu pour but d'établir comment on doit rattacher la
marche de l'apparition des comètes à la seule gravitation,
et comment la loi constante qui en découle, s'explique
par le simple mode du rayonnement.

On pourrait s'étonner de ce que nous n'avons repré-
senté les orbites cométaires que sous la forme elliptique,
quoiqu'on ait observé plusieurs comètes, dont le mouvement
paraissait s'effectuer dans une hyperbole. Nous remarquerons
à ce sujet que le nombre de ces comètes est très petit,
et qu'on n'en peut conclure qu'une exception à la règle
générale. Les deux branches de l'hyperbole ayant la propriété de s'écarter toujours, pour aller se confondre infiniment loin dans des lignes droites, il est évident qu'une
comète, qui a paru une fois dans un orbite de cette nature
s'éloignera pour ne plus se montrer jamais aux habitans
de la terre. Il y a plusieurs manières de concevoir la
cause d'un pareil phénomène : la première c'est l'entrée
dans la sphère d'attraction de notre système solaire d'une
comète étrangère à ce système. Si la direction de son
mouvement propre la conduit vers le soleil, elle entrera
dans sa dépendance avec une vitesse antérieure que l'at-

---

(1) Par analogie, si un corps matériel tombe de plus haut
qu'un autre, la durée de sa chûte sera plus longue ; mais il en
acquerra plus de vitesse.

traction solaire augmentera progressivement, jusqu'à ce que, (dans l'hypothèse où elle ne traversera pas de milieu résistant), elle poursuive sa course en retour, par une courbe symétrique à celle qu'elle aura tracée en s'approchant. Elle devra perdre alors en proportions décroissantes toutes les vitesses par elle acquises en progression inverse aux différents points symétriques de la première branche de l'hyperbole, et ne conservera plus que sa vitesse propre antérieure, en sortant de la sphère d'attraction du soleil. Une autre manière de comprendre l'hyperbole comme orbite cométaire, est d'admettre le passage d'un de ces astres très près d'une ou de plusieurs grandes planètes, dont les influences attractives accumulées accroîtraient la vitesse de la comète, au point de la rendre capable de surmonter, pendant sa période de retard, les actions gravitantes du soleil, jusqu'au de là de son immense sphère d'attraction; la courbe se rapprocherait alors de l'hyperbole, comme la courbe que décrit une bombe se rapproche d'autant plus de la ligne droite qu'on augmente la force d'impulsion du projectile.

Nous compléterons le sommaire de ces données générales, en soumettant aux géomètres la question intéressante de la loi d'après laquelle deux centres d'attraction de masses correspondantes s'éloigneraient l'un de l'autre après s'être rapprochés par un premier déplacement mutuel et respectif. Pour nous faire une idée d'une situation semblable, il est bon de nous rappeler que les divers mouvements des corps célestes nous ont été présentés jusqu'ici dans l'hypothèse d'une grande masse centrale, forçant les petits corps matériels qui se trouvent dans sa dépendance, à se déplacer par rapport à elle, sans que ces petits astres soient eux-mêmes capables de déplacer sensiblement, ensemble ou séparément, le grand centre dont ils dépendent. C'est dans cette dernière hypothèse que nous avons cherché à faire comprendre les phénomènes généraux qui se manifestent par rapport aux astres dépendans de notre système solaire, ainsi que relativement à une certaine catégorie de groupes stellaires, ayant chacun un centre principal d'attraction. Mais, envisageons un instant deux grands systèmes, analogues à celui de notre soleil, entrant dans la sphère d'attraction l'un de l'autre, et parvenus au point de pouvoir se déplacer respectivement. N'oublions pas que l'intensité de la gravitation augmente en raison inverse du carré des distances : or, dans l'hypothèse d'un déplacement des deux systèmes équivalents l'un par l'autre, la progression des vitesses qu'ils acquerront pendant leur rapprochement croîtra en proportions bien plus grandes, jusqu'aux périhélies réciproques des deux grands astres, que ne diminueront ces mêmes vitesses lorsqu'ils s'éloigneront ; car on doit reconnaître que ces vitesses respectivement acquises transporteront loin l'un de l'autre les deux systèmes en des temps donnés, à des distances qui permettront de moins en moins à leurs masses de s'enlever le mouvement accéléré, qu'elles auront reçu de leur mutuelle gravitation. Nous connaissons un certain nombre d'étoiles (on pourrait dire de soleils), douées d'un mouvement rapide de translation, que la gravitation expliquerait par des déplacements doubles, du genre de ceux dont nous venons de parler. On ne saurait repousser à cet égard l'application de la même cause à l'étoile double 61.me de la constellation du cygne, système de deux étoiles se mouvant avec rapidité sur le prolongement d'une ligne droite. En effet, ce système a pu préexister avec une rapidité moins grande de translation, et déplacer ensuite un grand corps céleste par lequel il aurait été déplacé lui-même à une certaine distance : les deux soleils auraient passé alternativement à un périhélie assez éloigné du système opposé, pour pouvoir reprendre leur mouvement sur une nouvelle ligne droite, en conservant une accélération qui constitue l'extrême vitesse actuelle de ce système.

On a cru reconnaître à notre soleil un mouvement propre de translation, qui maintenant n'est plus regardé généralement comme bien prouvé. Quoiqu'il en soit, cet astre, qui n'est qu'une étoile du firmament, n'est pas tellement fixe dans l'espace qu'il n'ait pu passer, il y a nombre de siècles au périhélie de quelque autre grand soleil, près duquel il aurait eu à supporter un de ces cataclysmes qui s'étendent au-de-là d'un petit cercle de la taille de l'orbite terrestre. Il n'est pas non plus impossible que nos arrière-petits neveux ne le voyent, après quantité d'autres siècles de paix, de bonheur et de tranquillité, s'aventurer avec son système dans un de ces voyages rapides, si digne de fournir aux mortels de ces temps futurs des spectacles grandioses, et féconds en émotions héroïques (1).

(1) Le désir d'attirer l'attention sur la question nouvelle du déplacement respectif de deux ou de plusieurs grands systèmes de corps célestes, et sur la différence des effets que doit produire la gravitation, dans cette hypothèse, comparativement aux effets résultant du déplacement d'un seul de deux corps attirant, nous a fait commettre cette dernière digression. Mais on ne saurait se méprendre sur notre supposition de déplacement du soleil, déplacement qui n'est présenté que comme possibilité, non comme une probabilité, et encore moins comme une réalité; c'est à l'astronomie sidérale future, qu'il est réservé de fournir des observations propres à jeter de la lumière sur cette partie de nos spéculations les plus élevées. Il est bien fâcheux que les gouvernemens mettent si peu de fonds à la disposition d'une science, à la fois utile aux arts de la navigation, du commerce, de l'industrie, etc., et si propre à garantir notre esprit des illusions auxquelles il est exposé par notre position au contact d'un petit globe, immense par rapport à nous.

COMÈTE DE HALLEY.

*EXTRAITS de la Notice historique de M. LITTROW,
astronome praticien de l'Observatoire de Vienne.*

Il n'y a pas encore un grand nombre d'années que
les apparitions de comètes, rares, extraordinaires et toujours inattendues, mettaient les peuples en émoi et passaient
à leurs yeux pour des évocations météoriques soudainement
produites par la colère céleste. Pendant des siècles, ces
idées erronnées sur une nature peu étudiée, répandirent
la terreur dans les pays où ces astres se montrèrent; mais
il fut enfin donné à l'esprit humain de dévoiler ces secrets
prétendus impénétrables, et de se convaincre que les comètes sont des corps matériels, qui se meuvent autour
du soleil, d'après certaines lois, et dont il est possible
de calculer le retour périodique. C'en fut assez bientôt
pour nous faire regarder en pitié les préjugés du temps
passé, et, si nous arrêtions nos regards sur l'apparition
merveilleuse d'un de ces astres, c'était uniquement avec
cette curiosité qu'excite d'habitude un événement dont on
croit n'avoir rien à redouter. Malheureusement, cette
attitude calme et fière, dont nous commencions à jouir,
ne fut pas de longue durée, et la confiance fut de nouveau remplacée par la crainte. En effet, si l'on avait acquis la conviction que les comètes sont renfermées dans
des orbites spéciales, on n'en était pas moins arrivé à ce
raisonnement que l'une ou l'autre de ces orbites pourrait
croiser celle de la terre, et qu'un choc entre cette dernière et l'astre supralunaire n'était pas improbable. Les
suites épouvantables d'un pareil événement pour tous les
êtres vivant à la surface du globe terrestre, n'ont pas besoin
de commentaire, et l'on peut se faire une idée de la

nouvelle terreur qui saisit alors les esprits; elle fut en proportion de la foi qu'on ajouta au danger prévu (1).

Heureusement les astronomes contemporains, à qui l'on dût nécessairement s'adresser, puisqu'ils avaient causé toute la crainte, parvinrent à rassurer leurs concitoyens, par des raisonnements qui, si erronés qu'ils fussent, n'en eurent pas moins d'efficacité. Aussi la question fut-elle bientôt presque entièrement oubliée, jusqu'au commencement de ce siècle, qu'un des premiers astronomes de l'Allemagne la reprit sous ses rapports purement scientifiques, et l'éclaircit de manière à ne laisser plus rien à désirer à cet égard. Le danger dut paraître encore bien éloigné, puisqu'aucune orbite cométaire n'avait été calculée jusques là comme pouvant croiser celle de notre planète; c'est ce qui explique l'indifférence montrée par le public d'alors pour l'ouvrage remarquable dont je viens de parler; on n'éprouvait plus le besoin d'être rassuré sur un point qu'on regardait comme fixé désormais, et l'on finit par n'y plus penser du tout.

Mais ne voilà-t-il pas qu'un singulier hasard fait rencontrer, dès la quatrième comète dont on était assez heureux pour connaître l'entière révolution, celle que découvrit le capitaine Biela en 1826, la propriété si redoutée du croisement de l'orbite d'un corps céleste avec celle de la terre. On reconnut que cette nouvelle comète pouvait passer à quelques milliers de lieues de l'orbite terrestre, distance minime dans l'immensité de l'espace. C'est alors que se réveillèrent les premières inquiétudes, et que de toutes parts on n'entendit plus parler que de la comète, qui devait bientôt, du moins plus tôt qu'on ne paraissait le souhaiter, nous amener la fin du monde. Cependant on se rappela

___

(1) Le savant secrétaire de l'Accadémie des sciences, M. Arago, a démontré victorieusement, dans ses notices scientifiques sur les comètes, l'innocuité de ces astres, et l'absence de traces d'un choc sensible contre notre planète par un corps étranger; ce qui nous paraît surtout évident, postérieurement au dernier grand cataclysme du globe, selon les géologues.

(*Note du trad.*)

les paroles de consolation prononcées à ce sujet, long-temps auparavant par le célèbre Olbers ; et, grâce à cette opinion et aux efforts réunis des astronomes les plus distingués, le public fut encore une fois tranquillisé, plutôt néanmoins par l'autorité de la science, que par les bons raisonnements dont elle s'appuya, et l'on finit même par prendre plaisir à plaisanter généralement sur un danger qu'on s'était figuré si menaçant peu de temps auparavant. On laissa bientôt tout cela, et l'on attendit avec complaisance l'heureux temps où l'on pourrait ne s'inquiéter plus des comètes, qu'on ne le fait généralement de l'astronomie !

Tout à coup, voici venir une escouade d'écrivains, qui s'imaginent, vraiment bien à tort, être appelés à mettre la dernière main à l'œuvre commencée : suivant eux l'Allemagne n'a pas été assez tranquillisée ; il faut faire un dernier effort. Ces messieurs n'entendent pas grand'chose à la question, ils ne savent pas même pour la plupart quelle comète est réputée dangereuse, ils la confondent avec une autre, ils ignorent quand elle doit paraître ; mais qu'importe, ils avaient besoin d'écrire ! Aussi cette œuvre d'une charité toute chrétienne réussit-elle si bien, sous la plume de pareils maîtres, que le public eut la satisfaction de voir à peu près chacune des années les plus proches marquées au coin d'un fantôme de cette espèce. Un de ces publicistes prédisait la venue de la comète pour 1834, un second pour 1835, un troisième pour 1836 ; certains autres encore pensaient qu'on ne saurait se prononcer précisément sur cet objet, et qu'il fallait s'en remettre à l'avenir du soin de décider en laquelle de ces prochaines années il plairait à l'astre visiteur de se montrer. Au reste les choses devaient se passer le mieux du monde par les raisons que donnaient ces messieurs sur la folie qu'il y aurait à s'effrayer d'une comète : seulement, ils l'avaient oublié, personne ne s'était avisé d'avoir peur avant leurs rassurantes publications. Par malheur, ils ne surent pas convaincre leurs lecteurs, soit que leurs belles considérations offrissent de l'obscurité, soit qu'ils les comprissent mal eux-mêmes. La majeure partie du public aperçut préci-

sément le danger dans les soins qu'on prenait à le rassurer
et tel qui était sorti sain et sauf de la fatale année 1832,
pendant laquelle parut effectivement la comète de **Biela**,
la seule qui ne soit pas sans danger (1) , ne se vit guère

---

(1) Sir John Herschell ne s'exprime pas autrement au sujet de
la comète de Biela (traduction de M. Cournot); mais notre
célèbre compatriote , le secrétaire perpétuel de l'accadémie des
sciences, nous rassure bien plus complétement dans sa notice scientifique sur les comètes en général. Il va même jusqu'à nous faire
entendre que la terre peut passer, sans aucun danger pour nous ,
dans la matière diffuse de la queue d'une comète. Sous le rapport
du mélange des atmosphères , nous sommes bien disposé à recevoir
cette opinion , car nos doctrines à cet égard nous représentent
les comètes du système solaire comme étant de la même famille ,
de la même origine que notre atmosphère , composées enfin d'air
et d'eau pour la plus grande partie. Physiquement parlant, du-
moins conviendra-t-on , que , si les eaux qui couvrent la terre
et l'air que nous respirons , se trouvaient transportées au lieu et
à la place d'une comète , leur ensemble pourrait présenter à nos
yeux les apparences que nous remarquons dans cette catégorie
de corps célestes. La lumière propre qu'on a observée plusieurs
fois dans les queues des comètes s'expliquerait par l'état orageux
où doit se trouver une atmosphère sujette à tant de positions diverses ; et, si nous voyons souvent à quelques mille mètres au-
dessus de nos têtes, l'éclair sillonner les airs d'un bont à l'autre
de l'horison , que ne doit-ce pas être dans une atmosphère étendue
par l'influence des rayons solaires sur des espaces de plusieurs
millions de lieues , et où les diverses couches de vapeurs se su-
perposent probablement dans des états électriques très différents.
Quant à un dérangement dans la marche de notre planète , la
raison nous dit que la masse cométaire est si faible en comparaison de celle du globe terrestre , que celui-ci n'en ferait pas
moins ses révolutions diurne et annuelle dans les mêmes temps
qu'auparavant, qu'il conserverait la même inclinaison de son axe
sur celui de son orbite , etc., etc. ; le passage de la comète de
Lexell au travers du système des satellites de Jupiter en fournit
une preuve : mais il faut avouer qu'il n'en serait pas pour nous
comme d'un brouillard qui s'élève du sein de la terre, animé de
la même direction de vitesse que les couches qu'il a traversées ;
il y aurait dans l'atmosphère cométaire changement successif de
densité en s'approchant de nous, de plus accélération de vitesse
conformément à la loi de la chûte des graves, d'où pourrait naître
au moins quelqu'un de ces ouragans qui déracinent des arbres,
découvrent des toits, et soulèvent la surface des eaux !

(Note du trad.)

plus en sûreté pour le cours des trois années suivantes, que si tout devait être bouleversé, et qu'un déluge nouveau fût prêt à fondre sur nous.

Obs. — Ici l'auteur motive l'entreprise de la monographie de la comète de Halley.

Des mille et mille comètes qui très probablement dépendent de notre système solaire, nous ne connaissons encore que quatre dont on soit parvenu jusqu'à présent à calculer avec pleine certitude la révolution périodique.

1.º La comète de Halley : comme elle fait l'objet principal de cette notice, nous n'en parlerons qu'en dernier lieu.

2. La comète d'Olbers (1), découverte en 1815 par l'astronome célèbre dont elle porte le nom. On ne connaît pas les apparitions antérieures de cet astre : la durée de sa révolution est de 74 ans. Son plus prochain retour ne doit avoir lieu qu'en 1887.

3.º La comète d'Enke; l'apparition à l'occasion de laquelle on est parvenu à calculer son orbite remarquable, est celle de 1818. Elle avait été découverte par l'observateur Pons, et prit par la suite le nom du géomètre qui en calcula le retour. Sa révolution est de trois ans un tiers, la plus courte de toutes celles qui aient été reconnues jusqu'à ce jour. Elle avait déjà été observée pendant les années 1786, 1795, et 1805; elle le fut depuis en 1822, 1825, 1828 et 1832. Son plus prochain retour au périhélie est annoncé pour la fin d'août 1835, mais sa position, défavorable à l'observation pour les habitans de l'hémisphère nord, nous engage à attendre qu'elle apparaisse dans des circonstances plus intéressantes, avant de donner d'autres détails sur ce qui la concerne.

---

(1) L'observation n'ayant pas pu confirmer encore la justesse des calculs des astronomes, relativement à cette seconde comète, admise par M. Littrow, on hésite assez généralement à la ranger au nombre de celles dont la périodicité est avérée.

(Note du trad.)

4.° La comète de Biela, ainsi appelée du nom de l'observateur qui la découvrit en 1826, et qui le premier attira l'attention sur sa courte et remarquable révolution de 6 ans 3/4. On reconnut son identité avec les comètes de 1772 et de 1805, et elle fut observée pour la dernière fois en 1832. C'est la comète fatale, qui, d'abord par la position de son orbite (*fig.* IV), distante de celle de la terre de quelques milliers de lieues seulement, sema partout l'épouvante, et qui ensuite, grâces aux exhortations inopportunes de ces messieurs, dont il a été fait mention, fut confondue avec son innocente sœur, qu'elle mit ainsi en réputation. Le prochain retour de la comète de Biela à son périhélie doit arriver en 1838, et alors elle ne sera pas plus nuisible pour nous qu'elle ne l'a été en 1832. Au reste, elle ne croise pas seulement l'orbite terrestre dans son cours, elle traverse en outre celle de la comète d'Encke (*fig.* V), et menace par conséquent d'un étroit rapprochement l'un et l'autre de ces corps célestes. Dans le premier cas surtout, ce serait pour la comète même qu'une semblable occurence pourrait avoir les suites les plus funestes.

Telles sont les quatre comètes dont on connaît la révolution entière avec pleine certitude. Les calculs sur les orbites de trois d'entre elles se trouvent confirmés par des retours multipliés, et la coïncidence du résultat obtenu par deux astronomes célèbres, met hors de doute la période de révolution calculée pour la seconde. Il n'en est pas ainsi de deux autres comètes dont on ne fait que soupçonner la périodicité, sans pouvoir la présenter avec la même assurance qu'on le fait à l'égard des quatre premières. La ressemblance des éléments des comètes de 1264 et 1556 (1) permet de supposer que ce sont les

____

(1) « L'apparition de cette comète (en 1556) produisit un effet
» bien singulier, selon plusieurs écrivains : elle effraya l'empereur
» Charles-Quint, au point qu'il ne douta plus que sa mort ne
» fût prochaine. Cette terreur contribua beaucoup, s'il faut en
» croire les mêmes historiens, au dessein que forma ce prince, et
» qu'il exécuta peu de mois après, de céder la couronne impé-
» riale à son frère Ferdinand. Il avait déjà renoncé à la couronne

retours d'un seul et même astre, et qu'il reparaîtra vers l'année 1848. Cependant, comme les observations qu'on a recueillies sur ces comètes sont loin d'offrir aux géomètres des données certaines, on ne saurait garantir ce qui n'est encore qu'une présomption.

La seconde de ces deux dernières comètes est celle de janvier 1743 et de novembre 1819. La différence d'inclinaison de son orbite à l'écliptique pendant ces deux apparitions avait fait abandonner l'idée de son identité, lorsque Clausen fit remarquer dans ces derniers temps que ce changement devait provenir de l'extrême rapprochement où l'astre s'était trouvé de Jupiter, dans l'intervalle de ces deux retours ; le même géomètre assigne à cette comète une période de révolution d'environ 5 ans 1/2. En ce cas son prochain périhélie aurait lieu pendant l'automne de 1856. Quoique ces dernières données soient plus vraisemblables à nos yeux que celles qui se rapportent à l'identité des comètes de 1264 et 1556, nous nous gardons d'autant plus volontiers de les ranger au nombre des prévisions incontestables, qu'un nouveau rapprochement entre Jupiter et la comète pourrait occasionner encore des modifications dans la position de cette dernière, et que le public a peu de confiance dans les indications, présentées par des juges compétents, comme étant sujettes à des variations incalculables.

Comète de *Halley*.

Chacune des comètes que nous venons de passer en revue possède en propre ses particularités remarquables ; celles d'Enke, de Clausen et de Biela se distinguent par une révolution accomplie autour du soleil dans un espace de temps très court, et sans exemple pour des corps célestes de ce genre ; la dernière est notamment signalée par la position

---

» d'Espagne en faveur de son fils Philippe. Si ce récit est vrai
» on peut mettre ce fait au rang des grands événements produits
» par de petites causes ».
(Cométographie de Pingré). Cit. du trad.

redoutée de son orbite. La comète d'Olbers a, d'un autre côté, ce caractère particulier qu'une seule apparition ait suffi pour permettre de calculer l'immense orbite, qu'elle parcourt en une période de 74 ans. Pour la comète de 1264, si les conjectures auxquelles elle a donné lieu se réalisent un jour, l'énorme terme de près de 300 ans, assigné à sa révolution, est de nature à la classer avantageusement sur la liste que nous venons d'établir; mais la plus remarquable, d'entre toutes les comètes connues jusqu'à ce jour est sans contredit *la comète de Halley*, d'abord elle mérite de fixer notre attention, comme la plus ancienne des comètes calculées, comme celle dont nous avons, pour une période de révolution proportionnellement considérable, un grand nombre d'apparitions à signaler; que nous pouvons suivre avec pleine certitude jusqu'au milieu du quinzième siècle, et avec quelque vraisemblance même jusqu'au commencement de notre ère chrétienne; qui, chaque fois plus ou moins brillante, et toujours favorisée d'un concours de circonstances extrêmement heureuses et extraordinaires, eut une apparence assez considérable pour être aperçue à la vue simple; mais ce qui la recommande au plus haut dégré à notre intérêt, c'est qu'elle est en même temps dans le ciel la vivante histoire de nos connaissances sur les comètes; que, depuis une certaine époque, chacune de ses apparitions fut l'occasion de découvertes importantes sur la nature et l'orbite de ces astres; enfin c'est qu'il n'a été fait pour ainsi dire aucun progrès dans cette branche de l'astronomie, qu'il n'ait profité à la connaissance approfondie que nous avons de ce corps céleste. C'est lui qui fournit à l'esprit humain ces traces obscures d'abord, mais qui le conduisirent plus tard à la connaissance de la vérité; c'est lui, qui, par ses apparitions répétées, en l'absence de guerres et de fléaux dévastateurs, accompagnées au contraire presque toujours d'événements heureux, aida à détruire de fond en comble la superstition, dont nous avions alors à supporter les chaînes. C'est lui, qui non-seulement reçut avec succès l'application directe de la sublime découverte de Newton, mais qui la confirma de la manière la plus inespérée. C'est cette comète enfin, parmi des milliers d'autres, qui, se prêtant aux prédictions des hommes, dans des temps peu éclairés, revint, après un cours de trois quarts de siècle, prolongé au travers de tant d'autres mondes, au moment juste où l'attendaient les habitans de la terre, étonnés de voir s'accomplir le vœu le plus hardi peut-être qu'on ait jamais pu concevoir. Oui cet astre est un éternel monument d'une victoire éclatante remportée par les efforts de l'esprit humain, un vieux témoin des erreurs au milieu desquelles notre route menait à la vérité; un flambeau, refusé pendant tant de siècles aux yeux des mortels, et qui nous permit enfin de porter nos regards dans les profondeurs de l'espace.

La comète de Halley se meut dans une ellipse très allongée, dont le petit axe n'a pas beaucoup moins de quatre cents millions de lieues, et dont le grand axe approche de l'énorme dimension de quinze cents millions de ces mêmes mesures; c'est assez dire que cette orbite atteint les confins de notre système planétaire, vers les régions que traverse la planète d'Uranus. La forme de cette ellipse diffère tellement de celle du cercle que la vitesse de la comète ne peut-être la même en tous les points de son parcours. Elle laisse environ cent-vingt mille lieues par heure derrière elle à son périhélie, et pas seulement deux mille à son aphélie, pendant le même espace de temps. Contrairement à la marche générale des planètes, elle se dirige d'orient en occident, par un mouvement qu'on est convenu d'appeler rétrograde. Sa révolution entière peut durer de 74 à 76 ans, suivant les perturbations que peuvent apporter à sa marche les puissantes planètes de Jupiter, de Saturne et d'Uranus, dans le voisinage desquelles elle est souvent assujétie à passer.

Pendant l'espace de deux mois et demi, sa distance au soleil est moindre que celle de notre globe, dont elle ne peut s'approcher assez à beaucoup près pour nous donner le plus petit motif de crainte; son éloignement de l'orbite terrestre est toujours de plusieurs millions de lieues, et considérablement plus grand que celui de la comète de Biela, dont la distance, à cette même orbite, ne fut en

1832 que de six mille lieues. En 1835 (1), la comète de Halley ne s'approchera pas en deçà de sept à huit millions de lieues de notre planète; distance dont il serait d'autant plus ridicule de s'alarmer qu'elle fut d'un tiers moindre en 1759, lors du précédent retour de la même comète, sans que nous ayons rien observé de changé, je ne dirai pas seulement sous notre atmosphère, mais aussi dans la marche et la position de la terre, en employant les moyens astronomiques, et les calculs les plus minutieux. Nous joignons à cette notice plusieurs figures sous les numéros II, III, IV, V, afin de mettre nos lecteurs à même, par des réunions d'orbites deux à deux, de juger de la position réelle où se trouvent dans le ciel les corps célestes dont nous venons de parler. Les légendes inscrites sur ces figures en donnent des explications suffisantes, et l'on se convaincra facilement à la première inspection, combien il serait absurde de mettre en parallèle, sous le rapport du rapprochement des orbites, la comète de Halley, ni même celle d'Enke, avec celle de 1832. En effet, d'une part on distingue dans la figure IV le rapprochement qui existe entre l'orbite de la terre et celle de la comète de Biela, et dans la figure V, le croisement de l'orbite de ce dernier corps céleste par celle de la comète d'Enke, tandis que les figures II et III représentent l'orbite de la terre dans un éloignement si évident de celles des comètes de Halley et d'Enke, qu'il faudra convenir avec nous que les Hartmann et consorts se sont forgé des fantômes pour avoir le plaisir de les combattre, et que leurs écrits ont attiré sur la comète de Halley les préventions dont ils songeaient à la purifier. Je ne m'arrêterai pas à des discussions oiseuses sur une question déjà si rebattue, mais je me permettrai d'observer, que pour être fondé à concevoir des craintes, il faudrait admettre un rappro-

---

(1) Pour éviter toute confusion, nous prierons le lecteur de se rappeler qu'une comète peut se trouver très rapprochée de l'orbite terrestre, et être en même temps fort loin de nous, puisque le mot orbite exprime seulement la route suivie par un corps céleste quelconque. (*Note du trad.*)

chement bien grand de la terre, par une comète, puisque celle de 1770 s'est approché de nous environ treize fois plus que ne le fera cette année-ci la comète de Halley, qu'elle se jeta en outre deux fois au travers des satellites de Jupiter sans avoir laissé sur la terre, sur Jupiter ni sur ses satellites la moindre trace de son passage.

Nous pouvons avec pleine assurance recueillir méthodiquement les apparitions de la comète de Halley jusqu'à celle de 1456. Mais de ce moment nous manquent les plus légères traces d'observations, et, pour indiquer l'identité de comètes antérieures avec la nôtre, il ne nous reste plus, de ce point de départ à celui que nous fournit sa période de révolution, que d'examiner en quoi peuvent avoir différé les divers retours du même astre, base assurément peu solide, quand on pense au nombre considérable de comètes qui se succèdent souvent en peu d'années, et quand on considère combien de fois en ces temps éloignés de nous, on a pu prendre de simples météores pour des apparitions de comètes! il est donc étonnant, qu'avec d'aussi faibles moyens de recherches, on rencontre encore un si grand nombre de ces astres vrais ou prétendus, mentionnés jusqu'aux temps de l'antiquité la plus reculée. C'est ainsi, qu'en nous reportant en arrière de l'année 1456 d'un espace de temps à peu près égal à celui de la révolution cométaire, nous trouvons pour les années 1379 et 1380 deux comètes, inscrites dans les annales d'Alstedius et de Lubienietsky. Pour l'année 1305, époque de son retour immédiatement antérieur, l'histoire nous retrace l'invasion d'une peste terrible, coïncidant avec l'apparition d'une immense comète qui répandit partout l'épouvante. Si c'est effectivement la comète de Halley, la circonstance qu'elle dût s'approcher beaucoup de la terre pendant la saison où elle fut observée et que par conséquent elle dût paraître très grande et très lumineuse, confirmerait la présomption d'identité. En remontant toujours de 74 ou 75 ans plutôt on trouve qu'une comète a été observée en Chine en l'an 1231 (1).

____

(1) Suivant Pingré le mouvement de cette comète était direct

Pendant l'espace de 225 ans, temps nécessaire à trois révolutions de notre comète, nous n'en retrouvons aucune trace (1) ; mais en l'an 1005 elle paraît avoir été observée par Ali-ben Rodoan (2) qui lui attribue quatre fois la grosseur de Vénus et l'éclat de la lune dans un de ses quartiers. On trouve dans plusieurs chroniques une apparition cométaire pour l'an 930, époque répondant à la période de la révolution de la comète de Halley, et en remontant de cinq autres révolutions en arrière, on trouve une autre apparition qui fut interprétée comme un pronostic de la prise de Rome par Totila. Encore 150 ans plutôt, temps nécessaire à deux révolutions du même astre, et l'on trouve pour l'an 399 la description d'une très grande comète, ainsi décrite par les historiens : « *Cometam* » *prodigiosæ magnitudinis, horribilem aspectu, comam* » *ad terram usque demittentem* (3) ». Encore une comète, 76 ans plutôt, elle parut en 323, dans la constellation de la vierge. Enfin, si nous poussons au plus loin nos recherches, nous trouverons une apparition cométaire à 450 ans de là, en nous reportant en arrière de six périodes de la comète de Halley, c'est-à-dire, vers l'an 130 avant J.-C., au temps de la naissance de Mithridate. Mais, nous l'avons déjà dit, les temps fabuleux ont une date plus récente dans la chronique des comètes, que dans l'histoire des peuples, et il serait déraisonnable de vouloir donner crédit à tant de simples suppositions ;

---

tandis que celui de la comète de Halley est rétrograde, et d'ailleurs les éléments déduits par le cométograde sont très différents de ceux de la comète de 1759 ; mais ce qui revient au même, il mentionne une apparition de comète en l'an 1230, 75 ans avant le retour de 1305. (*Note du trad.*)

(1) De plus, Pingré cite deux autres apparitions antérieures, la première du mois de mai 1155, et la seconde observée en Chine au mois de juillet 1080. (*Id.*)

(2) En 1006 au mois d'avril suivant le même auteur.

(*Id.*)

(3) Énorme comète, horrible à voir, et traînant jusqu'à terre sa chevelure.

c'est pourquoi nous en revenons à l'apparition de notre comète en 1456. C'est le plus ancien retour constaté de toutes les comètes périodiques connues. Lors de cette apparition, la comète de Halley se montra pendant 40 jours sur la ligne des constellations du taureau et du lion, dans sa plus grande magnificence, parce qu'elle se trouva très-près de la terre, au moment de son périhélie, qu'elle atteignit dans les derniers jours de juin. Les historiens contemporains ne tarissent pas dans la description qu'ils nous donnent de son aspect effrayant pour eux, il faut l'avouer, mais en même temps des plus admirables. Sa queue fut soumise à de notables variations de forme et de couleurs, et couvrit une étendue de 60 dégrés. Au commencement de juin le noyau de la comète parut rond, et, suivant l'expression d'un observateur, de la grosseur de l'œil d'un bœuf : le développement de sa nébulosité affecta l'apparence d'une queue de paon. Trois jours avant son passage au périhélie ; sa lumière avait l'éclat d'une étoile fixe ; elle scintilla même souvent au point qu'il vint à l'idée de certains observateurs qu'elle était surmontée de plusieurs petites étoiles. Nous avons une indication d'Ebendorf, d'après laquelle on pourrait inférer que la comète était précédée de sa queue dans sa marche, circonstance dont il est d'autant plus permis de douter, qu'elle appartient à des cas très rares, et que, dans aucune autre apparition de cette comète, une pareille anomalie ne se trouve signalée (1).

De ce que, lors de cette apparition, la comète fut visible d'abord le matin, peu de temps après vers minuit, et enfin le soir après le coucher du soleil, beaucoup de gens crurent à l'existence de deux astres différents : mais la majeure partie avait déjà une idée plus juste de l'état des choses, et reconnut une seule et même comète dans deux apparitions successives, qui n'en eussent formé qu'une seule, sans l'interruption amenée par le passage de l'astre

---

(1) L'auteur entend par ces cas très-rares ceux où la queue d'une comète serait dirigée vers le soleil : c'est ce que rend évident le récit ultérieur du retour de 1531.　　(*Note du trad.*)

dans les rayons solaires. Cette remarque est d'autant plus notable qu'elle emportait implicitement la supposition d'un mouvement réglé suivant certaines lois, et qu'elle devait conduire un jour à la connaissance de la vraie nature des comètes. Ce ne fut néanmoins que deux siècles plus tard que les astronomes réussirent à donner à leurs contemporains une idée plus approfondie de ces lois déjà pressenties.

Les habitants de l'Europe septentrionale purent voir assez long-temps la comète, comme étoile *circumpolaire*, c'est-à-dire comme on voit les constellations qui ne se couchent pas par rapport à nous, et qui sont visibles toute la nuit, la grande ourse par exemple.

A l'époque de cette même apparition de 1456, les armées Turques, sous la conduite de Mahomet II, menaçaient la chrétienté d'une guerre nouvelle. On crut, à n'en pas douter, dès qu'au mois de juin parut la comète, que la lutte aurait une issue malheureuse. Calvisius, un des chroniqueurs d'alors s'exprime à ce sujet en ces termes : « *Quibus,* » (*cometâ et bello*) *papa Calixtus territus, ad aver-* » *tendam dei iram, aliquot dierum supplicationes* » *indixit, constituit que in urbibus, ut in meridie cam-* » *panæ pulsarentur, ut omnes de precibus contra Tur-* » *carum tyrannidem fundendis admonerentur* (1). Tout le monde était dans une anxiété cruelle sur l'issue des événements, et, du plus petit au plus puissant, chacun regardait la comète comme le messager certain d'une immense catastrophe. Tout-à-coup se répand l'heureuse nouvelle de la défaite des Turcs ; elle est complète, leur perte en hommes, en artillerie, en munitions, est immense. Voilà-t-il de quoi compliquer l'affaire des astrologues ! Aussi voit-on paraître, comme on devait s'y attendre, variantes sur variantes, au sujet du sens prophétique de

---

(1) « Le pape Calixte, épouvanté par ces fléaux, (la comète et » la guerre), ordonna des prières pendant quelques jours, et il » disposa : que, dans les villes, on sonnerait les cloches à midi, » afin que personne n'ignorât qu'il fallait prier contre la tyrannie » des Ottomans ».

l'astre extraordinaire! un certain *Cromerus* tranché le nœud ; il va droit au fait en qualifiant la comète de : « *Christianis lœtum clade turcicâ, et turpi fugâ Mahometis* (1) ». D'autres s'appliquent à conserver à cet astre sa première signification, et attribuent son apparition non pas à la défaite des Turcs, mais bien à la mort du héros de cette bataille Jean-Corvinus Hunjady (2), arrivée peu de temps après, guerrier que l'on considérait comme un boulevard contre les infidèles. Alstedius ignorait tout à fait le grand événement, car il ne parle que de la prise par les Turcs des îles de Mytilène, de Lemnos et d'Eubée. D'autres cherchent à satisfaire leur superstition dans les nouvelles étrangères ; et, non contents de trouver sous leur main un événement considérable, vraiment européen, mais où ils ne peuvent voir que d'heureux résultats, ils épluchent la chronique du moment ; jusqu'à ce qu'ils aient rencontré l'épisode d'une tempête violente en Italie, d'un tremblement de terre, d'une famine, etc. Un certain Bonfinius, entre autres, va jusqu'à signaler la naissance d'un veau à deux têtes, une pluie de sang tombée à Rome, et à Ancone la naissance d'un enfant extraordinaire, venu au monde avec six dents toutes poussées, et un gros visage joufflu ; tout cela comme autant d'événements prédits par la comète. Enfin Lubienietsky, le plus zélé peut-être des anciens cométographes, qui écrivit un gros in-folio dans le but louable de démontrer à ses contemporains que les comètes n'ont aucune signification particulière, et qui cette fois déclare même que la mort du noble Huniade doit être attribuée bien plutôt à son âge avancé, et surtout aux fatigues que son corps épuisé avait eu à supporter dans cette dernière campagne, qu'à toute autre cause, Lubienietsky termine par ces mots son histoire de l'apparition cométaire : « En cette année fut fondée l'académie de la conservation des forêts ». Etrange rapprochement !

---

(1) Présage heureux, pour les Chrétiens, par la défaite des Turcs, et la fuite honteuse de Mahomet.

(2) Jean-Corvin Huniade.

A son retour suivant en 1551, la comète ne se montra pas, à beaucoup près , aussi brillante qu'en 1456 ; mais sous d'autres rapports, elle fut accompagnée de plusieurs circonstances plus importantes pour l'histoire de la science. Elle arriva heureusement pendant un temps de paix générale en Europe, et c'est à grand'peine si certains pessimistes réussirent à découvrir en quelque coin du monde assez de misère pour l'imputer à l'astre merveilleux. Son aspect étant beaucoup moins effrayant que lors de sa dernière apparition, l'hôte étranger fut considéré avec plus de calme, et observé cette fois comme tout autre corps céleste.

C'est à Petrus Apianus (Pierre Bienevitz), astronome impérial à Ingolstadt, sous les règnes de Charles-Quint et de Ferdinand I.er que nous sommes redevables des premières observations astronomiques, spéciales pour cette comète : ce sont des indications suffisantes de son apparition d'alors; mais, ce qui n'est pas moins digne de remarque, c'est que ce même Apien nous fournit, à l'occasion de ses observations de la comète de Halley, les premières traces d'une propriété découverte depuis, et toute particulière à ces corps célestes. Il observa que la queue de cette comète se trouvait presque toujours dirigée à l'opposite du soleil, et non-seulement il vit cette propriété se manifester sur cinq nouvelles comètes, observées jusqu'en 1539, mais il trouva en outre des indices suffisants pour la reconnaître dans des observations plus anciennes d'apparitions cométaires. Il en conclut qu'il devait y avoir entre le soleil et la comète plus de connexité qu'on n'en avait soupçonné jusqu'alors. Grâce à cette annotation, et pour donner plus de poids à ce qu'il avait avancé, il mit la plus grande exactitude à ses recherches, et c'est cette découverte, moins importante sur la nature des comètes, qui nous a valu un bien plus grand avantage, celui de la transmission d'observations, précises pour cette époque reculée. Indépendamment des observations d'Apien, qui méritent la préférence, nous en avons encore d'autres du Japon et de la Chine sur la même apparition, qui eut lieu cette fois au mois d'août pendant l'espace de trois semaines. Apien nous signale encore comme une singularité de la queue de cette comète, qui fut rangée d'ailleurs dans la catégorie de celles qu'on nommait alors barbues (chevelues), lorsque leur nébulosité était peu étendue, qu'un moment avant que l'astre ne descendît sous l'horison, sa queue s'évanouissait tout-à-coup, en sorte qu'il lui semblait qu'un nuage venait soudainement la soustraire à sa vue. Est-ce en effet une propriété bizarre de la lumière de cette queue, ou bien Apien n'aurait-il pas fait la même remarque sur les autres queues peu considérables de comètes, qui deviennent de moins en moins visibles à mesure qu'elles descendent vers l'horison, que parce qu'il les aurait moins bien observées; c'est ce que nous ne saurions décider. Cette fois encore (en 1531), la comète fut visible le matin ; elle se plongea ensuite dans les rayons du soleil, pour atteindre son périhélie dans les premiers jours de septembre, et reparaître à quelque temps de là après le coucher du soleil. De même qu'en 1456, beaucoup de personnes crurent avoir vu deux comètes différentes ; mais la plupart des gens instruits déclarèrent, comme cela était déjà arrivé lors du précédent retour, que ce ne pouvait être qu'une seule et même apparition, interrompue par le passage de la comète très-près du soleil : et cette opinion s'était si bien accréditée qu'un écrivain contemporain appela ceux qui n'y croyaient pas du nom de « *imperitum vulgus* (1) ! » Depuis plus d'un siècle on avait déjà appris à juger passablement de la nature des comètes, par la méthode assez douteuse de la simple inspection ; Apien, par sa découverte sur la direction que prend la queue de ces astres, avait fourni une indication encore plus importante, et cependant on avait en général les idées les plus bizarres et les plus extravagantes sur leur existence propre. Il commençait déjà à régner çà et là, j'oserais dire, un pressentiment de la vérité. On soupçonnait qu'une comète pouvait bien être un corps céleste, comme tant de millions d'autres qui nous apparaissent au ciel; placés au milieu de l'espace sans bornes, par le créateur, dans un but

---

(1) Vulgaire ignorant !

incompréhensible, et certainement pas uniquement pour
servir ici bas de pronostics à un événement, fait pour
atteindre l'espèce humaine dans telle ou telle de ses géné-
rations. Je dis donc qu'un pressentiment de cette vérité
commençait à se faire jour ; mais malheureusement nous
l'apprenons en grande partie par les efforts même des
savants d'alors à réfuter des idées, qu'ils croyaient mal
fondées, et qu'au surplus ils trouvaient fort irréligieuses.
C'est ainsi que Milichius, un des plus célèbres écrivains
de l'époque, entre en lice, escorté de bon nombre de
raisonnements bizarres, puisés dans les connaissances
astronomiques incomplètes de ces temps-là, pour combattre
l'opinion certainement bien près de la vérité ; suivant laquelle
les comètes seraient de véritables planètes. Il s'exprime
ainsi : « *Cometas non esse planetas, primùm ipse numerus*
» *testatur, quia sœpè accidit, ut omnes planetæ*
» *conspiciantur suis locis, cùm alibi fulget cometa,*
» *id quod ipsi observavimus anno 1531, cùm quidem*
» *Jupiter esset in librâ, hunc cometa celeriter præteriit*
» *et reliquit. Eodem tempore observaturus manè cometen*
» *Bornerus Lipsiœ, vidit Mercurium in Leone cùm jam*
» *cometa evasisset ad virginem* (1) ». Ainsi parce qu'il
n'y avait pas là autant de comètes que le savant Milichius
s'était imaginé que cela devait être ; parce qu'une de ces
comètes passa rapidement devant la planète de Jupiter,
et se montra ensuite dans la constellation de la Vierge,
en même temps que Mercure était vu dans celle du Lion,
il ne pouvait y avoir d'analogie entre une comète et
une planète ! étrange induction, que fait excuser d'ailleurs

------

(1) « Que d'abord le nombre même des comètes prouve que ce
» ne sont pas des planètes ; en effet il arrive souvent que toutes
» les planètes sont vues dans leurs positions respectives, tandis
» qu'on aperçoit une comète briller d'un autre côté, ce que nous
» avons observé nous-mêmes en 1531 ; lorsque Jupiter était dans
» la constellation de la balance, une comète l'atteignit dans sa
» course, le dépassa et le laissa loin derrière elle. Vers le même
» instant, Bornerus se préparant à observer la comète le matin,
» aperçut Mercure dans la constellation du Lion, lorsque déjà
» la comète s'était transportée vers la Vierge ».

l'idée fondamentale, amenée en tous cas d'une manière peu logique. Les seules planètes qui fussent connues alors se meuvent dans une zône du ciel qu'elles ne dépassent jamais, et qu'on nomme *zodiaque*. Rien n'était donc plus pardonnable que de supposer pour chaque corps planétaire, et par conséquent pour les comètes, si on voulait les admettre comme telles, la nécessité d'obéir à cette loi, présumée générale et infranchissable ; par conséquent l'observation que les comètes, loin de s'y soumettre, pouvaient au contraire se montrer en toute partie quelconque du ciel, devenait un argument spécieux contre la prétendue parenté entre les planètes et les comètes. Si ces auteurs eussent vécu de notre temps, et qu'ils se fussent convaincus avec nous, depuis la découverte des quatre petites planètes qu'on a appelées Astéroïdes, de l'arbitraire acception d'un zodiaque, et de la pure fantaisie qui a créé la loi soi-disant générale dont nous venons de parler, ils ne se seraient pas laissé intimider si tôt devant un rapprochement important, fait pour mettre sur la véritable voie, et ils auraient sans doute rejeté avec dédain la confusion de mots et d'idées qui semblait remplir alors le champ vaste de la cométologie. On éprouve en effet un sentiment pénible, quand on voit les esprits les plus distingués de cette époque entasser un amas effrayant d'érudition pour soutenir des thèses inutiles, ou pour combattre des opinions, impropres à soutenir la lutte, et dont on pourrait dire avec Pingré : « Rapporter de « telles rêveries, c'est les réfuter suffisamment ».

Nous voyons, par exemple, notre Milichius, après avoir contredit la première supposition que nous avons rapportée, et une seconde, présentée par quelques auteurs suivant laquelle les comètes devaient à la fin se transformer en étoiles fixes, penser qu'il devait apporter ici le concours de sa pénétration. Il ne croit pas invraisemblable que les comètes tirent leur origine des conjonctions des planètes, ou des éclipses de soleil et de lune. Il cite à l'appui de cette idée subtile l'apparition que nous venons de décrire de la comète de Halley, comme une confirmation de son hypothèse, en affirmant que cette comète a pris naissance dans une éclipse, et dans une conjonction des planètes de Saturne, de Mercure et de Mars, observées la même année en la constellation du Taureau. Quand on sait que la conjonction de deux planètes indique seulement la position de ces astres sur une même ligne avec le soleil, que cette position n'est qu'apparente, et que les éclipses de soleil et de lune sont fondées sur des situations analogues, qui ont lieu, sans que le plus souvent on voye paraître des comètes à leur occasion; on ne peut s'étonner assez de la bizarrerie de l'esprit humain, lorsqu'il sent son impuissance, de se cramponner, à chaque idée futile qui se présente, pour en faire le mobile fondement de spéculations plus incertaines encore. Malgré ces considérations futiles, si communes en ces temps-là, on ne peut nier, nous l'avons déjà dit, qu'il existât dès lors certaines traces de cette crise, qui métamorphosa si complètement peu de temps après l'état de la science sur les comètes. Si l'on n'en était pas encore venu au point de mettre à profit, comme faits prouvant des vérités irréfragables, des observations utilisables pour des inductions ultérieures, on avait du moins cherché à dévoiler bien des phénomènes tenus autrefois pour des merveilles, et l'on avait déjà vaincu une superstition sous beaucoup de rapports dangereuse aux progrès réels en tout genre, et notamment à l'avancement de l'étude des sciences naturelles. Le tour des comètes devait aussi venir; et c'est principalement à l'occasion de cette même apparition de la comète de Halley, que le brave Lubienietsky se rapprocha le plus de son noble but, tendant à détruire les folles terreurs qu'inspirait ce genre de corps célestes. Nous sommes heureux de pouvoir rapporter les paroles suivantes écrites en ces temps anciens : « (1) *Et læta cometis succedere et ita signi-*

______

(1) « Que des apparitions cométaires puissent être suivies par
» des événements heureux, et qu'ainsi leur signification n'ait
» aucune portée, c'est ce que je démontre dans mes écrits. Quant
» aux événements malheureux et cruels qui ont pu succéder à
» l'apparition de notre comète, ils ont des causes naturelles ou
» morales que nous avons signalées souvent, sans voir pour cela
» aucune comète au firmament. On ne peut donc inférer de là

» *ficationem eorum indifferentem esse, ubique demonstro.*
» *Quod ad illa tristia et acerba , quœ cometœ nostri ap-*
» *paritionem exceperunt , attinet , illa vel naturales , vel*
» *morales causas, quas sœpius indicavimus, et si nullus*
» *cometes in cœlo fulgeat , habent. Ita hinc nil neces-*
» *sario contrà cometas concluditur. Lœta hoc anno*
» *non pauca evenisse, extrà dubium est. Continuó enim*
» *tristibus miscentur lœta , adversis secunda* ». Il
s'intéresse à sa comète comme à un ami calomnié : « *Plura
ejusdem generis*, est-il dit dans un autre passage, après
l'énumération d'événements heureux survenus en même
temps que la comète, « *ex annis sequentibus hùc non*
»· *refero, quamvis id ad conciliandam cometœ invidiam*
» *fecerint alii* (1) ».

On est doublement heureux de voir les efforts pleins
de droiture de Lubienietsky, appuyés de l'autorité d'hommes éminents, ses devanciers, tels que Grinæus, par
exemple : « *Mirari satis nequeo* , dit cet écrivain, *quo-*
» *rumdam inscitiam et temeritatem , qui sterilitatem*
» *ex cometarum apparitione prœdicere non verentur;* (2)»
et l'on aime à lire ces paroles, (bien avancées pour l'époque),
écrites par un Thomas Erastus, vers le milieu du seizième
siècle : « Plût à Dieu que les guerres n'aient pas d'autres
» causes que l'influence excitative des comètes sur la bile
» des potentats! ce serait assez d'un médecin habile pour
» rétablir la paix, par une petite potion de rhubarbe ou
» de sirop de roses ».

A son retour suivant, la comète de Halley parvint à

» rien de certain contre les comètes. Il n'est pas douteux que
» cette année n'ait été heureuse pour nous. C'est que toujours
» le plaisir accompagne la peine, et que l'adversité n'est pas
» loin du bonheur ».

(1) « Je ne rapporte pas d'autres choses du même genre , ar-
» rivées les années suivantes, quoique d'autres l'aient fait en haine
» de la comète ».

(2) « Je ne puis assez m'étonner de l'ignorance et de l'audace
» de quelques hommes, qui n'ont pas honte de prédire la sté-
» rilité par l'apparition des comètes ».

son périhélie le 26 octobre 1607. Si, pour son histoire, cette apparition est loin d'avoir un intérêt majeur, nous en trouvons, nous, un tout particulier pour nos contemporains, à cause de l'extrême ressemblance des conjonctures où elle eut lieu cette année là, avec celles où elle doit se montrer cette année ci, 1835; surtout en raison des points de comparaison qu'elle peut nous offrir, relativement à la grosseur, à l'éclat, et aux autres rapports, sous lesquels elle doit bientôt se présenter. En 1607, elle atteint son périhélie vers la fin d'octobre; en 1835 c'est au milieu de novembre. A son périgée de 1607, cet astre n'est éloigné de la terre que de dix millions de lieues environ : vers cette position, en 1835, l'éloignement des deux corps célestes n'est guère que de huit millions de ces mesures. Elle apparaît en 1607 sous une des pattes antérieures de la grande ourse, passe sous cette constellation; traverse celle du Bouvier, celle du Serpent dans toute sa longueur, et, après s'être approchée de la main d'Ophiuchus, va s'évanouir à ses pieds. Ce cours de la comète de Halley ressemble beaucoup à celui qu'on lui attribue pour cette année-ci (1). Il est donc très-vraisemblable que cet astre se présentera, en cette année 1835, sous les mêmes apparences, à très-peu de chose près, qu'en

____

(1) Nous ne reproduisons pas la carte céleste du cours de la comète, qui se trouve jointe au texte original, parce qu'elle diffère peu de la carte publiée par M. Eugène Bouvard. D'après la carte allemande, la comète passe à la fin de septembre plus près de l'étoile Castor que sur la carte française; la direction de la route à parcourir est à peu près parallèle sur les deux cartes; mais, dans la première que nous avons citée, la comète passe sous les pattes de la grande ourse, au commencement d'octobre, tandis que M. Bouvard nous la montre, pour la même époque, traversant le corps de la même ourse, et sortant sous les trois étoiles qui forment la queue de cette configuration arbitraire. De-là, le même astronome lui fait traverser la couronne, ce qui la renvoye bien plus loin de l'étoile Arcturus que ne l'indique, pour le 8 octobre, la carte allemande, sur laquelle on voit la comète traverser le Serpent vers le milieu du même mois.

(Note du trad.)

1607, abstraction faite néanmoins des changements imprévus qu'il peut avoir subis dans sa constitution physique; et ces changements peuvent être nombreux, par suite des vicissitudes aussi violentes que variées auxquelles sont exposés ces corps célestes.

Deux astronomes renommés, Képler et Longomontan nous ont laissé de cette apparition de 1607, des observations, si non très-exactes, au moins très-utiles. En outre le célèbre baron de Zach, si estimé en Allemagne pour son zèle en faveur des progrès de l'astronomie, a fait, pendant son séjour en Angleterre, vers la fin du siècle dernier, une découverte importante dans la bibliothèque de lord Egremont. Ce sont des manuscrits qui nous fournissent entre autres des observations de notre comète en 1607, exactes pour l'époque où elles ont été faites, par Th. Harriot, et N. Torporley.

Nous avons encore sur cette même comète, des indications publiées par Godefroy Wendelin qui nous transmet des observations faites dans la France méridionale. Mais, comme je connais l'incrédulité de mes contemporains, et que je sais le peu d'accueil qu'ils feraient à mes promesses, si je les formulais dans le style de Wendelin, je ne dirai pas qu'en 1835 « la comète apparaîtra sous » la forme d'une lance de feu, ou d'une épée flamboyante, » qui se terminera en une pointe aiguë ; je n'ajouterai pas » que sa lumière se dissipera, un peu avant son coucher, » comme la vaporeuse poussière séminale des fleurs, etc. ». Je m'en tiendrai de préférence aux rapports plus simples, quoique moins intéressants, des autres observateurs.

Képler fut averti de l'apparition de la comète par une personne qui l'accompagnait à un feu d'artifice, auquel il assistait sur le pont de Prague. Cet astronome observa l'astre nouveau du 26 septembre au 26 octobre, moment où il le perdit de vue. Au commencement de son apparition, la comète avait une queue si peu remarquable, que Képler lui-même ne l'aperçut pas, et qu'il n'en admit l'existence que sur la foi d'autrui. Cependant sa lumière augmenta de jour en jour, et sa queue se trouva dirigée conformément aux observations d'Apien, si non absolument, du moins en général, à l'opposite du soleil (1). Le noyau de la comète ressemblait à une boule qui n'est pas entièrement ronde. (*figura capitis videbatur quodammodo strumosa, deficiens a rotunditate*). Elle surpassa en grandeur toutes les étoiles fixes, et, suivant Longomontan, elle parut aussi grosse que Jupiter : son éclat était faible, pâle, diffus, comme la lumière de la lune, (*prope umbram terræ consistentis*). (2) Après la pleine lune, et lorsque la lumière de notre satellite en son décours jetait encore assez d'éclat, la queue de la comète devint très-visible ; bientôt elle diminua et augmenta de nouveau encore : (*Canda jàm brevis, subitòque sat longa*), particularité extraordinaire que Cysatus observa dans la comète de 1618; Hevel, dans celles de 1652 et 1661, et de nos jours, avec la plus grande exactitude, le célèbre Schroeter, dans la belle comète de 1807. Cette dernière dénota dans la matière lumineuse de sa queue, des mouvements qui surpassaient en vitesse, la rapidité de la

---

(1) Krüger, astronome à Dantzig, a écrit sur les comètes de 1607, et de 1618 de petits traités fort burlesques par leur forme antique et par le ton pédagogue de l'auteur : je demanderai la permission d'extraire ici du dernier de ces opuscules, pour preuve, ce qui va suivre : « Il y a quelques cents ans que de bonnes gens se » sont trouvés, tels qu'Apien, Gemma Frisius et son fils Cornelius » Gemma, Thicho-Brahe et tant d'autres, qui ont reconnu que » les comètes observées de leur temps, avaient toutes leurs » queues tournées venant du soleil en avant ! cependant quoique » Thicho cherchât à démontrer que la queue de la comète de » 1577, tenait sa direction plutôt de la planète de Vénus, qui » n'était pas loin du soleil, que de ce dernier, il reconnaît toute- » fois chapitre IX, page 204, qu'il ne comprend pas comment » Vénus est capable de faire naître une si grande queue, et il » suppose que c'est au soleil qu'il faut, à plus juste titre, attribuer » cette production, quoique les causes de la déclinaison ne » soient pas encore bien approfondies. »

(2) Lorsque la lune est dans son premier croissant, elle reçoit de la terre, par réflexion, les rayons solaires, sur sa partie obscure. (*Note du trad.*)

lumière (1). Dans sa forme et son éclat, la queue de notre comète ressemblait assez aux rayons du soleil vus dans l'air, au travers de vapeurs, en cet aspect où l'on dit familièrement que le soleil pompe l'eau. Vers la fin de son apparition le noyau diminua sensiblement, et la queue disparut entièrement avant ce dernier dans le crépuscule. Cette apparition de la comète de Halley se distingua particulièrement par de rapides changements d'éclat et de figure ; quant à la direction de sa marche, qui aboutissait presque en ligne droite vers la terre, elle dût produire nécessairement de jour en jour de notables différences dans son éloignement. Les 22 et 26 octobre eurent lieu les dernières observations de Képler sur cette comète, et elles se trouvèrent favorisées par un abaissement sensible du crépuscule vers les montagnes : l'astre, qui paraissait alors sous le genou d'Ophiuchus, ressemblait plutôt à un léger nuage qu'à une étoile.

En général, les observations de Képler sur cette apparition concordent assez bien avec celles de Longomontan, ce dernier exprime l'idée, entre autres, que la queue de cette comète devait avoir une certaine densité ; sur quel fondement? nous l'ignorons ; mais le dégré de justesse de sa remarque est d'autant plus digne de notre attention, que la présente apparition de la même comète paraît devoir répondre à notre attente.

Voilà ce que nous avons trouvé de plus saillant dans les descriptions diverses écrites sur la comète de Halley, pendant son apparition de 1607. Il est certain qu'un seul dessin bien fait de cet astre aurait pu nous donner une idée plus précise de ce qui va frapper nos yeux lorsqu'elle deviendra visible pour nous : mais il nous a été impossible de trouver dans cette capitale, si riche d'ailleurs en bibliothèques précieuses, les ouvrages de *Hooke* et de *Cysatus*,

---

(1) Cette observation de Schroeter, qui disposait d'instruments très-puissants à Lilienthal, concorderait avec l'opinion que nous avons énoncée, en la note de la page 16, sur l'émission de la lumière cométaire propre, par des décharges électriques.

(Note du trad.)

desquels seuls nous pouvions espérer quelque chose sous ce point de vue ; nous avons donc été réduit à nous renfermer dans le cercle des livres dont nous avons pu disposer.

Nous ne devons pas laisser passer sous silence une particularité qui a signalé aussi la même apparition de 1607. Déjà quelques années auparavant Thicho-Brahe et Möstlin, l'un patron de Képler et l'autre son professeur, avaient soutenu que les comètes étaient de véritables corps célestes et non des météores, nés dans notre atmosphère ; enfin, qu'ils se mouvaient dans des orbites autour de la terre. La première de ces hypothèses ne tarda pas à se faire des partisans, comme elle en était digne ; mais la seconde fut combattue presque aussitôt. Képler fut le premier, à l'occasion de l'apparition de notre comète, à rapporter au soleil les orbites cométaires ; et il les représenta cependant sur une ligne droite, hypothèse qui n'est applicable qu'à des portions très-courtes de ces orbites ; mais dont on ne peut encore faire emploi pour certains calculs approximatifs.

La superstition de ces temps-là, dont un Képler ne sut pas entièrement se défendre, ou au moins dont il n'osa pas s'affranchir ouvertement dans ses écrits (1), trouva un

---

(1) Képler, *de cometis libelli tres* : ouvrage dans lequel on trouve une infinité de dates précieuses pour l'époque, et dont malheureusement la troisième partie est consacrée à l'interprétation des comètes de 1607 et de 1618. Il écrit néanmoins sur cet objet avec bien plus de réserve que Krüger, et dit par exemple : *attacher une signification à toutes ces circonstances est chose difficile; le fasse qui voudra, au péril de sa foi.* Mais on rencontre aussi d'autres passages qui témoignent du contraire de cette manière si claire de s'exprimer. Rarement cet observateur a-t-il démenti la gaîté qu'on remarque dans ses écrits, mais que souvent excluait le ton sérieux avec lequel ces matières demandaient alors à être traitées. « J'ai lu, dit-il un jour, la description poétique » d'une comète, que l'on comparait fort élégamment, avec sa » longue queue, à un nouvel hérétique. Je me garderai certes » de combattre une telle allusion : je prierai Dieu seulement, » qu'il nous préserve de sa réalisation ». Quelle tout autre direction n'eût pas prise le génie de Képler, s'il avait pressenti que les trois lois auxquelles il avait soumis les planètes, ramèneraient cette même comète 75 ans plus tard!

certain point d'appui dans plusieurs circonstances extraordinaires qui accompagnèrent le retour de 1607. La veille
du jour où Képler découvrit cette comète, Jupiter était
en opposition , Mercure en conjonction avec le soleil , et
Saturne en trine aspect avec Mars , occasion excellente
pour les amateurs de causes génératrices des comètes , puisées
dans les positions respectives des planètes. Longomontan
trouva encore un bon motif d'appuyer cette opinion , par
la circonstance que le 24 septembre , deux jours avant
que Képler n'eût aperçu la comète, il ne l'avait pas vue ,
lui , bien qu'il observât Jupiter , dont elle devait être peu
éloignée ; d'où par conséquent il était évident que l'astre
nouveau avait pris naissance le lendemain , précisément
lorsque les planètes étaient parvenues aux positions que
nous venons d'indiquer. En outre, comme pour dérouter
de plus en plus l'astronomie , à la fin de l'apparition cométaire , Mars , entra en opposition avec Jupiter , et par-là
se trouvèrent déterminés parfaitement suivant les erremens
admis à cette époque , les deux principaux points de l'orbite
de la comète. Une base aussi largement établie devait mettre
sous quelques rapports les commentateurs dans l'embarras.
Aussi notre Krüger ne sait-il pas bien comment il doit
accommoder ses interprétations sur la comète; sera-ce dans
ses rapports avec Mercure, avec Jupiter, ou avec Saturne ?
Il finit pourtant par prendre son parti ; et , considérant
que Mercure indique de grandes variations dans la température, voire des tempêtes, Jupiter de belles et bonnes
choses, Saturne au contraire des fléaux de toute espèce ,
il pense qu'il y aura un peu de tout, et des tempêtes ,
et du beau temps, et de la guerre , et de la paix , tout
cela entremêlé le mieux possible. « Verè, remarque judi-
» cieusement à ce sujet Lubienietsky : *talis est constituti)*
» *aëris , pacis , bellique , nec ullus annus , imòferè dies*
» *vicissitudine exemptus* (1) ».

Après l'année 1607 , la plus prochaine apparition de la

-----

(1) Telle est en effet la nature de l'astmosphère , et l'état de
la paix , et de la guerre , qu'il n'y a pas d'année , pas de jour
sans alternative.

comète de Halley, est celle de 1682 : on peut dire que c'est l'époque de sa naissance scientifique. Quatre fois à n'en pas douter suivant les rapports les plus vraisemblables, elle s'était déjà montrée à la terre, et depuis deux siècles nous l'envisagions comme un étranger extraordinaire, mais hostile en même temps. Enfin cette fois ce corps céleste apparut à une époque où les ténèbres de la superstition se trouvaient en grande partie dissipées, et où les efforts réunis d'hommes supérieurs, vivant en plus grand nombre peut-être qu'il en ait jamais existé simultanément, permirent à l'espèce humaine de reconnaître dans l'astre nouveau un vieil ami, de se complaire dans le souvenir de ses précédentes visites, et de compter avec toute certitude sur une apparition ultérieure, au moins pour la postérité.

Depuis Apien, on avait semé l'un après l'autre les germes de connaissances de plus en plus exactes sur la nature et les orbites des comètes ; mais très-peu de ces semences avaient encore pris racine, et plus de cinquante ans s'étaient même écoulés, depuis que les Möstlin, les Brahe, les Képler avaient montré par leurs travaux la route qu'il fallait suivre, sans que ces idées des coryphées du monde savant d'alors, parussent avoir reçu le moindre développement. Ce n'est qu'en 1660 qu'Hevel, célèbre astronome de Dantzig, fit faire à la science un pas assez marquant. Le premier il avança que les comètes se meuvent dans des orbites paraboliques, et dont la courbe est tournée vers le soleil, comme vers le point central de la force qui retient ces corps célestes pendant leur mouvement. Il fut conduit à cette induction par l'observation que les corps lancés au loin sur la terre décrivent des paraboles, et il conclut de ces petits effets, produits si près de nous, aux grands phénomènes observés dans le ciel, par une comparaison, si non parfaitement juste, présentée au moins avec une certaine indépendance d'esprit, pour le temps où il écrivait. En outre, il montra, par un aperçu des cas particuliers à un semblable mouvement dans des courbes paraboliques, une connaissance approfondie de leur nature, comme par exemple, il expliqua ce mouvement apparent

(41)

si remarquable, question déjà abordée par **Képler**, mais que lui (Hevel) soutint et développa avec avantage, en démontrant que les comètes obéissent à deux forces simultanément efficientes, l'attraction du soleil d'une part, et de l'autre une force directrice antérieure, qui a pris le nom de *vis projectilis* (1) ; et en remarquant de plus que la plus grande vitesse des comètes devait avoir lieu vers leur périhélie. Si cette dernière idée d'Hevel était la plus heureuse de toutes les hypothèses imaginées jusqu'alors sur les comètes, et si bien établie que, malgré les grands progrès faits depuis par la géométrie et les sciences mathématiques, elle sert pour ainsi dire encore aujourd'hui de base à la détermination des orbites cométaires, il lui manquait pourtant cet ensemble, qui seul, au moins dans les sciences qui ont l'avantage d'être fondées sur les mathématiques, peut permettre d'accueillir des hypothèses : preuve irrécusable de leur entière concordance avec l'apparition des phénomènes qu'elles doivent expliquer. Hevel eût-il démontré qu'il suffisait d'admettre ses hypothèses, pour pouvoir prédire où, et avec quelle vitesse une comète visible reparaîtrait à une certaine époque, il eût été regardé certainement comme le père de la cométologie, et il eût acquis l'éternelle gloire d'avoir fait faire à l'esprit humain un des plus hardis progrès qui fût jamais tenté. Mais, quelque grandes qu'aient été la sagacité et la pénétration, qui distinguaient un des plus habiles astronomes de cette époque, il lui manquait néanmoins cette force d'imagination, qui, en l'état peu avancé où se trouvaient les sciences mathématiques, était nécessaire pour la solution de ce problème, et il n'avait pas ce puissant levier de la théorie, qui, dans les mains d'un de ses successeurs incomparablement plus illustre, donna comme une question incidente cette solution précédemment refusée, et ajouta au temple immense de la gloire newtonienne une simple pierre, déjà suffisante pour monter à l'immortalité.

Il n'était pas donné à Hevel d'exploiter le champ que

____

(1) Force de projection, force d'impulsion, ou force tangentielle.

son génie lui avait indiqué, et de développer à ses contemporains comme à la postérité toute la justesse de sa
pensée. Les nombreux écrits qui coulèrent de sa plume
pour défendre ses hypothèses furent bientôt oubliés comme
soutiens trop faibles, d'une supposition heureuse, mais
dénuée de preuves, et l'honneur d'avoir découvert la nature des orbites cométaires lui fut attribué tout aussi peu
qu'à un Sénèque pour ses pressentiments de la vérité,
exprimés bien des siècles auparavant.

Après Hevel, plusieurs autres grands géomètres contemporains tâchèrent d'approfondir la même question non
moins intéressante sous ses rapports généraux que sous le
point de vue scientifique. Le célèbre Dominique Cassini,
à qui l'astronomie est redevable de progrès importants
dans plusieurs branches des sciences, essaya le premier
non-seulement de représenter dans une ligne courbe les
parties visibles des orbites cométaires, mais aussi de
déterminer leur retour : cependant, au milieu de ses
recherches, qui décèlent souvent une profondeur et une
pénétration peu communes, il considéra la terre comme
le point central de ces mêmes orbites, erreur qui lui
ôtait tout moyen d'obtenir d'heureux résultats, et à laquelle
il s'attacha si passionnément, qu'il y persévérait encore
après la publication des grandes découvertes de Newton.
Un autre savant recommandable, Jacob Bernouilli, avait
fondé des hypothèses, qui l'avaient conduit à prédire pour
l'année 1719 le retour de la grande comète de 1680, prédiction dont il n'eût pas plus à se féliciter, qu'on n'avait
eu à le faire de tous les autres essais du même genre tentés
jusqu'alors.

Enfin apparut le génie colossal de Newton. Sa puissante main s'empara du gouvernail des progrès faits par
l'esprit humain depuis des siècles. Il ébranla le chaos des
sciences naturelles, qui manquaient de toute base solide,
le rajeunit, le régla, et lui donna en quelque sorte une
nouvelle origine. L'astronomie et les mathématiques sur
lesquelles elle est fondée prirent sous sa direction un aspect tout nouveau. Il se créa par l'invention du calcul
différentiel un levier qui suffit à lui seul pour porter nos

(43)

sciences exactes à la hauteur où elles sont aujourd'hui;
un levier dont on connaîtra tout le prix quand on saura
que du jour de sa découverte, le peu qui resta de cet
échaffaudage de connaissances mathématiques rassemblées
depuis des siècles par les hommes les plus distingués, et
encore après des réformes indispensables, ne fut plus applicable qu'aux premières leçons des mathématiques élémentaires. Il fixa complétement la théorie du mouvement des
corps célestes que son devancier moins heureux, Képler,
avait déjà dignement traitée. Ce dernier avait démontré
que toutes les planètes poursuivent leur cours dans leurs
orbites autour du soleil suivant trois lois; progrès marquant
par ses heureuses conséquences, mais auquel il manquait
cette unité qui provoque notre admiration dans tous les
phénomènes de la nature. Les lois fondamentales d'après
lesquelles se meuvent les corps de notre système solaire
paraissaient donc complexes, distinctes et indépendantes
l'une de l'autre. Alors Newton fit comprendre que ces
trois lois de Képler découlent d'un seul principe reconnu
existant dans toutes les parties de l'Univers où nous puissions
porter nos regards, et d'après lequel la pierre tombe sur
le sol, et les planètes tournent autour du soleil. Ainsi fut
tout d'un coup reconnu ce labyrinthe resté jusqu'au temps
de Képler à perte de vue; ainsi fut débrouillé ce chaos de
nombreux mouvements, compliqués en apparence, lorsqu'ils sont aperçus de la place mobile que nous occupons
dans l'espace, en dehors du point central de ces mouvements. Ainsi fut permis à l'homme de considérer les phénomènes les plus grandioses, et d'embrasser rationnellement
dans leur ensemble les innombrables corps célestes qui
avaient paru jusqu'alors errer dans des orbites inexplicables.
Il n'était plus besoin dès lors du génie d'un Newton pour
plier les comètes au même joug où les planètes se trouvaient
enchaînées, et pour résoudre comme questions secondaires
les grands problèmes sur lesquels les meilleurs géomètres
anciens avaient perdu jadis leur temps et leur peine. Newton
démontra, lorsqu'il calcula d'après ses propres formules,
l'orbite de la magnifique comète de 1680, que la parabole,
qui semblait si bien se confondre avec la route que tracent

les comètes, n'était qu'une approximation de la vérité; que ces astres rarement visibles pour nous, paraissent se mouvoir dans la courbe parabolique seulement vers la partie de leur orbite la plus voisine du soleil, enfin qu'ils parcourent de même que les planètes une ellipse autour de ce centre de notre système.

Voilà donc maintenant les comètes débarrassées de leur aspect redoutable; elles sont reconnues comme des corps célestes, revenant périodiquement suivant certaines lois, et l'opinion, qu'elles peuvent annoncer des guerres, des fléaux, etc., admise en opposition à l'état plus avancé des autres connaissances humaines, se montre dans toute sa nullité. Pourquoi faut-il qu'on n'ait pas saisi ce moment de s'emparer du flambeau qui venait de dissiper les ténèbres des siècles passés; et pourquoi, animé d'un juste orgueil d'avoir arraché à la superstition une source si riche, et par conséquent si terrible, n'a-t-on pas fait tomber entièrement les chaînes qui pendant si long-temps avaient asservi l'esprit humain? Il ne devait pas en être ainsi. Cette nouvelle doctrine si précieuse devait rester encore pendant des années la propriété exclusive de son auteur; et l'on vit les hommes les plus recommandables de leur temps, les Leibnitz, les Huygens, les Maraldi, et tant d'autres; des réunions mêmes des savants les plus distingués, jusqu'à l'Académie des sciences de Paris, ôser combattre ce beau système, et, durant plus de trente ans, chercher à faire prévaloir les hypothèses obscures et à demi comprises des tourbillons de Descartes, et autres du même genre; et il fallut plus d'un tiers de siècle avant que la vérité se fît jour, avant que le monde sût apprécier le bienfait dont Newton l'avait doté!

Halley, contemporain et ami de Newton, fut le premier des astronomes distingués de l'époque qui non-seulement marcha dans la voie de la doctrine nouvelle, mais encore qui entreprit de perfectionner la partie qui fait l'objet de cette notice; la théorie des comètes. Son principal but fut de tâcher d'expliquer le système de Newton par des exemples. Dans cette intention, il calcula les orbites de toutes les comètes sur lesquelles on pouvait avoir des observations certaines, susceptibles d'être soumises au calcul. Vingt-quatre de ces corps célestes, calculés par ce géomètre, (seulement dans une courbe parabolique), avec un zèle infatigable, mais nécessaire, dans l'imperfection des méthodes analytiques, confirmèrent de la manière la plus éclatante les hypothèses de Newton, le résultat du calcul se trouvant d'accord avec l'expérience. En cela ce fut un service important que rendit Halley à la science.

Il excita l'attention de plus d'un savant incrédule, et c'est peut-être à ces nobles efforts qu'on doit attribuer le triomphe de la vérité. Mais une autre découverte bien plus importante encore, à laquelle le hasard l'amena au milieu de ses travaux, découverte qu'à peine il eût pressentie, devait récompenser ses veilles pénibles, bien plus richement même que le succès de son entreprise. Déjà dix ans auparavant, Dominique Cassini avait présenté cette proposition : « Que si, entre deux comètes quelconques, on
» rencontrait similitude, ou seulement grande analogie
» dans ce qu'on nomme leurs éléments ; en d'autres termes
» que si les dimensions de leurs orbites, et la position
» du plan de ces dernières dans l'espace étaient les mêmes,
» alors, d'après les analogues dans les planètes, on pouvait
» avec toute vraisemblance reconnaître l'identité de ces
» deux astres, et les considérer comme une seule et même
» comète, observée dans deux de ses retours vers le
» soleil ». Cassini avait même prétendu, conformément à cette opinion, que la comète de 1680 était la même que celle qui avait paru en 1577 ; mais ces calculs ayant été établis sur de fausses bases, et ne pouvant se rapporter aux éléments sur l'accord desquels il avait fondé ses conclusions, une confirmation de sa thèse par l'expérience devint impossible, et la non identité des deux astres resta bientôt démontrée. Cependant l'idée de Cassini prise abstractivement était pleine de justesse ; cet astronome avait préparé une semence féconde, que la réforme des sciences mathématiques ne pouvait laisser long-temps stérile : elle tomba sur un sol fertilisant et porta son fruit.

La route suivie en 1682 dans le ciel par la comète de Halley, fut si évidemment la même que celles qui avaient été décrites pendant les années 1607 et 1531, que cette ressemblance ne pouvait échapper aux astronomes contemporains. Le célèbre Picard attira l'attention sur cette grande analogie, et Montanari de Padoue se prononça si explicitement à cet égard, qu'il déclara ces comètes comme identiques, et se servit même de cette opinion pour combattre les diverses interprétations qu'on cherchait à répandre en Italie sur l'influence de l'astre nouveau. Alors aussi Halley fit connaître, une fois qu'il fut assez avancé dans son travail sur la même question, que les éléments de la comète de 1682, observée, par lui-même, se rapprochaient extraordinairement de ceux des deux comètes de 1531 et 1607. L'idée de Cassini s'étant ainsi fait jour, et se trouvant corroborée par les retours à peu près équidistants de 75 ans entre les époques de 1531, 1607 et 1682, Halley adopta cette période pour la révolution de ce corps céleste, et il calcula aussi exactement qu'il lui fut possible son orbite dans une ellipse, comme étant la seule courbe qui pût le ramener autour du soleil. Son attente ne fut point déçue; il ne fut arrêté un instant que par l'inégalité des périodes entre les différents retours de l'astre à son périhélie. En effet le temps écoulé entre le périhélie de 1531 et celui de 1607 est de 27,352 jours, tandis que de ce dernier point de départ au même point de périhélie en 1682, qui date du 14 septembre, le nombre des jours de la période est de 27,937, par conséquent de 585 jours de plus que pour la période précédente. Cette différence lui parut au premier abord assez importante pour lui donner à craindre de n'avoir fait qu'ajouter aux nombreux essais de ce genre qu'il avait tentés jusqu'alors, un travail tout aussi peu fructueux.

Mais, clairvoyant et pénétrant comme il était, il reconnut bientôt que le rapprochement extraordinaire où la comète s'était trouvée dans son cours des puissantes planètes de Jupiter et de Saturne pouvait facilement avoir occasionné les inégalités observées dans le temps de ses révolutions, à cause de la force attractive de ces grands corps célestes; opinion qui fut confirmée de la manière la moins équivoque, au retour suivant de la comète, au moyen des calculs les plus rigoureux. En outre, Halley trouva pour les apparitions de 1456, 1380 et 1305, mentionnées dans les chroniques, anciennes des différences alternatives de révolutions de 75 à 76 ans, et, quoiqu'il n'y trouvât pas d'observations assez exactes pour fonder une détermination des éléments de la même comète, néanmoins la réunion de toutes ces données leva pour lui tous les doutes au sujet de l'identité qu'il devait y avoir entre ces corps célestes. Satisfait de cette admirable découverte, il prédit le prochain retour de la même comète vers l'année 1758 en faisant expressément remarquer qu'une évaluation précise de l'époque de ce retour surpassait les forces de l'analyse mathématique de son temps, et en déclarant qu'il abandonnait ce perfectionnement de son œuvre à ceux qui, stimulés par l'espoir de réussir dans une semblable entreprise, voudraient utiliser, pour un travail aussi fatigant, les progrès faits jusqu'alors dans la géométrie appliquée à l'astronomie. Jaloux de faire connaître la part qu'il avait prise à cette belle découverte, dans un siècle plus riche qu'aucun autre en heureux résultats dans presque toutes les branches de la physique et de l'astronomie, Halley somma ses contemporains et la postérité, de ne pas oublier que c'était un Anglais qui était parvenu à signaler la première comète à retour périodique; appel qu'il eut sujet de répéter bientôt après, à l'occasion d'une seconde découverte non moins importante pour la science. Ainsi c'est au célèbre Halley qu'il fut donné d'apporter le premier la lumière dans la nuit jusqu'alors impénétrable de la cométologie. La postérité reconnaissante donna le nom de cet astronome heureux au corps céleste qui l'avait amené à cette découverte importante, et l'honneur qu'en retira la mémoire de son auteur rejaillit en quelque sorte sur l'astre qui lui est redevable de son admission dans la grande famille des corps de notre système planétaire.

Notre comète fut découverte en 1682 par des jésuites à Orléans (1), et trois jours plus tard par un des agents

---

(1) Picard et Lahire l'observèrent à Paris dès le 26 août.

(Note du trad.)

la bonté de sa méthode, par la comparaison des résultats obtenus, avec l'expérience. Il obtint de son zèle digne d'éloges la seule récompense qui dédommage ordinairement l'astronome de ses travaux, souvent destructeurs de sa santé, la satisfaction non-seulement d'obtenir la confirmation de ses prévisions, mais encore de voir arriver la comète de la manière la plus conforme à sa prédiction. Il avait annoncé pour le 13 avril 1759 l'arrivée de la comète à son périhélie, toutefois avec cette réserve expresse, que les perturbations résultant de l'attraction des planètes, la résistance des milieux dans lesquels l'astre avait pu se mouvoir, et d'autres circonstances qu'il avait peut-être négligées dans ses calculs, pourraient apporter la différence d'un mois soit en avance soit en retard dans le moment précis qu'il avait indiqué ; en effet la comète atteignit son périhélie le 13 mars 1759, une trentaine de jours plus tôt que ne l'avait fixé la prédiction de Clairaut ; cet accord, si même on n'a point égard aux limites fixées par le géomètre pour les anomalies négligées dans son travail, est d'autant plus glorieux pour lui, qu'on avait osé attendre ce beau résultat des prémices de spéculations, où les effets les plus gigantesques de la nature se présentent de la manière la plus compliquée, et qu'on en retirait en même temps une confirmation complète de la bonté des préceptes de Newton sur l'attraction respective des corps de notre système solaire, et peut-être avec plus de bonheur que ne l'eût espéré le grand géomètre lui-même, surtout dans cette branche de l'astronomie, qu'il paraît avoir peu approfondie.

De ce moment la carrière est ouverte ; on a enfin prédit une apparition cométaire ; pendant trois quarts de siècle un astre est resté invisible pour les habitants de notre globe, il a traversé l'espace au milieu d'une infinité d'autres corps célestes, et il a reparu à l'époque qui lui a été assignée ; de ce moment perce la lumière dont avaient joui presque exclusivement les astronomes depuis près d'un siècle, et tout d'un coup est renversé de la manière la plus victorieuse tout ce qui n'était que superstition dans les temps d'ignorance, où les ténèbres tenaient l'esprit humain enchaîné, et ce qui plus tard , quand les bonnes doctrines entreprirent l'éducation du genre humain encore sans guide, n'avait produit qu'un zèle déréglé dans ses recherches sur la nature des comètes. Pour quiconque eut des yeux et les voulut ouvrir , la vérité s'éleva un sanctuaire radieux sur les ruines des anciennes erreurs et des absurdités des premiers âges.

Sous le point de vue de l'observation, cette apparition de 1759 se distingue aussi par une particularité peu commune. Les comètes n'étant visibles pour nous que dans la portion de leur orbite qui se rapproche le plus du soleil, il arrive presque toujours que le temps de leur apparition se divise en deux périodes, ce qui avait eu lieu aussi pour les divers retours de la comète de Halley, observés jusqu'alors. Si ces corps célestes sont aperçus avant leur passage à leur périhélie, ils sont vus d'abord jusqu'à ce que, s'étant rapprochés de plus en plus du soleil , ils disparaissent à nos yeux dans les rayons du grand astre. Bientôt vient le moment, où, ayant parcouru leur plus brillant arc de révolution, leur faible clarté frappe de nouveau nos yeux, et forme ainsi la seconde période de leur apparition , après laquelle nous ne pouvons plus espérer de les revoir avant qu'ils aient accompli une nouvelle révolution entière. Tel ne fut pas le cas de l'apparition de l'année 1759; notre comète disparut deux fois, au moins pour la partie du globe que nous habitons, et fut visible pendant trois périodes différentes. Découverte vers la fin de décembre 1758, avant son passage au périhélie, elle s'évanouit vers le milieu de février 1759 dans les rayons du soleil, d'où elle se dégagea vers la fin du mois de mars. Elle disparut pour la seconde fois le 22 avril aux yeux des habitants de l'hémisphère septentrional à cause de sa position trop basse au-dessous de l'équateur, et le 28 avril, jour où elle reparut au-dessus de l'horizon, recommença pour nous sa troisième période d'apparition, qui dura jusqu'au commencement de juin. Depuis cette époque elle ne devait plus se montrer à nous avant la présente année 1835.

C'est le 25 décembre 1758 que la comète de Halley

fut aperçue pour la première fois, lors de son retour
antérieur à celui-ci, par un cultivateur des environs de
Dresde, nommé Palitsch ; déjà au mois de janvier 1759
on l'observait presque partout. Parmi les observateurs,
Messier, si connu depuis comme explorateur de comètes,
l'aperçut à Paris, où il se trouvait alors sous la direction
et comme élève du célèbre Delisle. C'est sans doute aux
préparatifs faits par ce dernier que Messier dut l'avantage
de retrouver la comète vers le milieu du mois de janvier
1759 : elle lui parut alors sous la forme d'un noyau rond,
pâle, et par conséquent sans queue. Il l'aurait sans doute
aperçue plus tôt, si le temps nébuleux qui régnait à Paris
depuis le mois de novembre précédent, et l'inclinaison de
l'astre à l'horizon ne l'en eussent empêché. Il observa donc
la comète le premier avec une exactitude scrupuleuse et
continue ; mais il lui fut défendu par Delisle, dont le
caractère spéculateur en fait de secrets paraît indéfinis-
sable, de rien publier de sa découverte. Peut-être le discret
astronome espérait-il prouver le premier par le calcul
que la comète observée était bien celle de Halley. Ce ne
fut qu'au moment de la seconde période d'apparition, au
mois d'avril, lorsque Delisle se trouva chargé d'écrire à
Lacaille le lieu et le jour où la comète devait reparaître
et lorsqu'il vit ainsi passer en des mains étrangères la découverte qu'il réservait sans doute pour lui seul ; ce ne
fut qu'alors qu'il permit à Messier de publier ses observations (1). Une petite vengeance non moins digne de
remarque fut exercée par les astronomes contemporains
à l'égard de Messier, dont les observations tenues secrètes
furent par eux considérées, pendant un certain espace

---

(1) Aux légers motifs allégués par Messier dans le mémoire
qu'il ne tarda pas à envoyer à l'Académie de Paris, pour s'excuser
de ses tardives publications, on reconnaît son embarras dans les
mots suivants : « Aussitôt que nous eûmes reconnu cette comète
» au sortir des rayons du soleil, nous jugeâmes qu'il était néces-
» saire d'en donner avis à quelques astronomes de l'Académie,
» crainte que, sans cet avis, ils ne l'eussent laissé échapper sans
» l'observer ». Comme si l'on n'avait pas pu dire la même chose,
lors de la première apparition !

de temps, comme nulles et non avenues. Ce ne fut qu'en 1784 que Pingré les inséra dans sa cométographie, et leur rendit le rang qu'elles méritent avant toutes les autres, à cause de l'exactitude des éléments qui en découlent.

Pendant la seconde période de son apparition, depuis la fin de mars jusques vers le milieu d'avril, on eut en Europe peu de facilité pour observer la comète, à cause de son extrême rapprochement de l'horizon. Messier la trouva au premier avril beaucoup plus grosse et bien mieux éclairée que lorsqu'elle était échappée à sa vue au mois de février précédent. Elle avait au commencement de cette seconde période, une queue remarquable, et un noyau prononcé, d'une couleur blanchâtre, analogue à celle de Vénus. Le 14 avril on ne distinguait plus déjà ce noyau de la nébulosité qui l'environnait. Le 17 avril la comète disparut de nouveau dans la constellation du Sextant, après avoir parcouru le Verseau et plusieurs constellations de l'hémisphère austral. Nous devons au zèle soutenu de De Lanux, membre du conseil supérieur de l'Ile de Bourbon, les observations qui font suite aux précédentes; il les poursuivit sans relâche, n'ignorant pas que la comète était devenue invisible pour la plus grande partie de l'Europe; mais l'imperfection des instruments dont il disposait, enlève au travail de cet observateur presque tout le mérite que la science attache à de pareils résultats.

La troisième et dernière période pendant laquelle reparut la comète, et dont la durée s'étend du 28 avril au commencement de juin, est sans contredit la plus riche en observations exactes et soutenues. Tous les astronomes contemporains, les Cassini de Thury, Maraldi, Lacaille, Lalande, Messier, Hell, et tant d'autres avaient tourné toute leur activité vers cet astre merveilleux. De Lanux a trouvé, d'après ses observations, que la longueur de la queue de la comète occupait huit dégrés d'étendue sur le ciel vers la fin d'avril, et déjà au 5 mai, il portait cette étendue jusqu'à 47 dégrés. Cependant cette même queue n'était presque plus visible pour l'Europe, lorsque la comète reparut au mois de mai, si l'on s'en rapporte au témoignage de Lalande, d'autant plus digne de foi, que le corps céleste s'était déjà considérablement éloigné du soleil, et devait avoir beaucoup perdu de sa lumière. Pendant son apparition de 1759, la comète de Halley s'est assez approchée de la terre, pour en éprouver une perturbation de seize jours dans le cours de sa révolution ; et cette influence, jointe aux perturbations causées par l'attraction des autres planètes, lui a fait employer 586 jours de plus pour revenir à son périhélie, que pendant la précédente révolution de 1607 à 1682.

A peine les observations de cette apparition de la comète en 1759 furent-elles connues et publiées, qu'un grand nombre d'astronomes s'en emparèrent pour calculer ses éléments sur de nouvelles bases. Ce genre de calculs assez peu en crédit jusqu'alors, devint tout-à-coup à l'ordre du jour. Lalande, Maraldi, Lacaille, Klinkenberg, Bailly et d'autres encore, firent paraître les uns après les autres chacun ses élémens de la comète. Mais aucune de ces œuvres ne put prétendre à la gloire d'une rigoureuse précision ; aucune ne fut digne d'être mise en parallèle avec les beaux résultats obtenus par un Clairant. Une tâche de ce genre fut entreprise d'abord au commencement de ce siècle par Burckhardt, le calculateur connu des premières tables exactes de la lune. Plus tard, en 1812, l'Académie de Turin proposa un prix pour un calcul rigoureux de l'orbite de la comète de Halley. Parmi les ouvrages admis au concours, le mémoire de M. Damoiseau fut couronné, et publié dans les actes de l'Académie de l'année 1820. Enfin, dans ces derniers temps, MM. de Pontécoulant et Rosenberger ont apporté, chacun de leur côté, un travail parfait sur la détermination des élémens de la même comète.

——✳——

Il résulte des diverses éphémérides publiées jusqu'à ce jour, que la comète de Halley doit paraître dès le mois d'août ; qu'alors sa lumière sera très-faible, à cause de son éloignement de la terre, qui sera encore de quatre-vingt millions de lieues. Sa direction étant presque en ligne droite vers nous, sa position dans le ciel changera peu, tandis que son éclat augmentera. Chaque jour elle s'approchera de la terre d'environ quinze cent mille lieues. Peu à peu elle passera dans la constellation des Gémeaux et se levera de plus en plus tôt. C'est au mois de septembre qu'elle acquiert tout son éclat. Au premier octobre elle se montre près des pattes antérieures de la grande ourse, et devient bientôt étoile circumpolaire, c'est-à-dire qu'elle reste visible toute la nuit. Au 5 octobre elle recommence à se lever et à s'abaisser à l'horizon. De ce moment la comète se couche de plus en plus tôt, et ne se lève pas avant le soleil; son éloignement de la terre augmente alors, et bientôt elle se plonge dans les rayons du soleil (1).

Au commencement de 1836 la comète de Halley se rapproche de nouveau de la terre dont elle n'est plus éloignée, au mois de mars, que de cinquante millions de de lieues, et elle reparaît de nouveau dans les constellations du corbeau et de la coupe, pour recommencer une nouvelle période de 76 ans.

REMARQUE DU TRADUCTEUR.

En cherchant, dans notre introduction, à faciliter l'intelligence des causes les plus simples qui lient le mouvement des comètes à la gravitation générale, nous nous sommes appliqué à ne rien avancer de contradictoire aux lois avérées de la physique, fondées sur l'expérience, et nous reconnaissons que toute hypothèse qui n'a pas pour base des données susceptibles d'être rattachées à ces lois, n'est pas soutenable. Mais, comme nous avons dit, note da la page 16, que nous pensions devoir regarder les comètes du système solaire comme ayant toutes une même origine, nous désirons exposer par quelles considérations nous croyons pouvoir étayer cette opinion. Il est bien établi toutefois que nous faisons la part de ce qui est admis

____

(1) Nous renvoyons aux différentes cartes célestes publiées sur le cours de la comète. (*Voyez* la note de la page 34).

(Note de l'éditeur).

comme constant d'avec ce qui n'est que le simple produit d'un plus ou moins grand nombre de probabilités. Les considérations générales de Laplace sur le système du monde sont fondées sur ce calcul. Elles satisfont assez aux exigences des lois naturelles, pour avoir été reçues généralement comme dignes d'occuper le premier rang après les vérités irréfragables, jusqu'à ce que de nouvelles hypothèses plus vraisemblables, s'il se peut, viennent les remplacer avec avantage.

En prenant donc l'hypothèse de la place sur la formation du système solaire dans son ensemble, nous demanderons comment les choses ont dû se passer, conformément aux lois physiques qui nous sont connues? suivant ce mode de formation (1), le calorique est le seul agent probable assez puissant pour avoir tenu momentanément à l'état de volatilisation les diverses matières qui forment toutes les planètes, du système solaire, la terre y comprise (2). Si l'on envisage cet ensemble immense tournant autour du centre solaire, d'occident en orient, on concevra quelle forme il a dû affecter; c'est l'ellipsoïde engendré par la révolution de l'ellipse autour de son plus petit axe. Si l'on poursuit l'examen de la même hypothèse, sans sortir des conditions les plus rigoureuses des lois naturelles, il faut reconnaître que l'ensemble que nous considérons n'a pas tourné comme un corps solide tout d'une pièce autour de l'axe du système, mais que la vitesse de ses couches concentriques, pressées les unes sous les autres, a été de moins en moins grande, du centre à la circonférence du plan de l'équateur, qui serait devenu depuis le plan de l'écliptique. Une des premières conditions d'un

---

(1) Nous ne remonterons pas plus haut, pour ne pas perdre de vue notre sujet, les comètes de notre système solaire.

(2) Les esprits timorés peuvent admettre ce mode de formation, depuis qu'on sait que c'est aux traducteurs de la Genèse qu'on doit d'avoir commenté par le mot *jour*, le mot hébreux qui signifie époque : en sorte qu'il faut entendre que le monde a été fait à six reprises différentes.

pareil système, c'est que les couches concentriques se rangent naturellement, *par ordre de densité*, les plus légères s'éloignant le plus du centre d'attraction. Une autre condition, c'est que le calorique s'échappe plus tôt parallèlement à l'axe de rotation du système que dans le sens du plan de son équateur, à cause de la différence de l'épaisseur des couches superposées, de la forme dis- coïdale de l'ensemble, et de la nature rayonnante du calo- rique. C'est de cette dernière condition, et du réfroidis- sement successif du système que découle la séparation par anneaux concentriques des zônes, où se sont précipités les centres planétaires, suivant l'auteur de l'hypothèse. Nous ne comprenons pas pourquoi le même auteur n'a pas, tou- jours dans cette hypothèse, donné aux comètes, aux diffé- rents gaz et aux liquides vaporisables, la dernière couche de son atmosphère gigantesque; c'est là que leur divisibilité, leur affinité pour le calorique, leur extrême ténuité, pen- dant une empyrosie de ce genre, devaient les transporter. Une circonstance qui paraît avoir arrêté jusqu'à présent dans ces spéculations exorbitantes, c'est le sens rétrograde du mouvement des satellites d'Uranus, qui pourrait dénoter aussi une rotation de cette planète sur elle-même d'orient en occident (1). On a cru trouver une explication de cette anomalie dans un renversement latéral de ce système planétaire ; mais n'était-il pas plus simple, puisqu'on traitait cette même hypothèse, de distinguer la position de la dernière couche, à peine comprimée à sa partie supérieure, mais liée par pression à la couche inférieure, mère du système de Saturne, d'avec les autres couches concentriques, comprimées les unes sous les autres, et dont les tranches internes et externes devaient se mouvoir dans une espèce de parallélisme, diversement de l'anneau extrême du système général, anneau qui n'était lié qu'in- térieurement à la couche qu'il comprimait vers le centre ? il devait donc se trouver sollicité par cette dernière d'oc- cident en orient, sans que rien pût presser assez sa tranche

______

(1) Il ne s'agit pour le savoir que de construire un télescope assez puissant pour cette épreuve.

externe pour lui faire suivre le mouvement général autrement que par un faible entraînement. Il devait résulter
de ces circonstances, que, lors de la précipitation de la
matière volatilisée de ce dernier anneau vers un centre
principal, l'atmosphère non encore précipitée de ce même
centre, celui d'Uranus, recevait de sa liaison avec l'anneau immédiatement inférieur une sollicitation d'occident en orient propre à lui imprimer une rotation
inverse de son mouvement de translation (1). Car rien
n'arrêtait ce mouvement acquis de translation de tout le
nouveau système secondaire, d'occident en orient, mais
il y avait cause efficiente pour la rotation d'orient en
occident du même système autour de lui-même.

Si l'on se rappelle que nous avons proposé de placer
au-dessus de la couche mère du système d'Uranus, les
matières les plus vaporisables de l'ensemble, on concevra
combien a dû être faible l'entraînement de ces vapeurs
par le mouvement de cette couche concentrique pé-
nultième que nous avions considérée, quelle dislocation
tion inévitable a dû en être la suite, en l'absence de
centre particulier d'attraction ; quelles directions diverses
ont dû être données à ces fragments aériformes dont le
cours a dû, comme il l'est encore de nos jours, être
dérangé, renouvelé même par les influences attractives des
planètes de notre système actuel ! Ce n'est pas que nous
entendions insinuer que notre atmosphère, envisagée aussi
comme fragment de la couche supérieure où seraient nées
les comètes, soit arrivée par choc sur notre planète ; l'atmosphère du soleil elle-même a dû revenir vers ce grand
astre par un retrait successif des pôles du premier ensemble discoïdal, sans chûte. Et d'ailleurs cet héritage dont
se trouve doté si richement le globe que nous habitons,
les liquides et les gaz nécessaires à la vie des êtres dont

---

(1) A peu près comme cela aurait lieu pour un léger ballon
qui poserait sur un plan mobile, l'un et l'autre mus dans la
même direction, mais le dernier animé d'une vitesse plus grande,
ou encore, par analogie d'un autre genre, comme deux roues
engrénant l'une dans l'autre tournent en sens inverse.

nous faisons partie, doit nécessairement avoir été attribué à la terre avant la naissance même d'aucune végétation à sa surface. Nous nous arrêtons (1), car nous n'avons eu l'intention que de donner une idée de l'origine des comètes, sans vouloir attacher à une hypothèse plus de valeur qu'elle n'en mérite.

––––––––––––

(1) Nous n'ignorons pas, qu'en remontant plus haut, on a considéré l'espace comme se résolvant pour ainsi dire en nébuleuses, mères des systèmes solaires ; mais nous n'avons pris notre point de départ que du moment où un centre solide d'attraction puissante a été capable d'imprimer à tout son système cette prodigieuse vitesse que ne saurait communiquer encore la matière à l'état de diffusion extrême.

FIN.

––––––––––––

Erratum. — Fig. V, le lithographe a déplacé le soleil du foyer des ellipses qu'il doit occuper.

AUTEURS

AUTEURS ET MÉMOIRES

A consulter sur la matière qui vient d'être traitée.

Pingré, cométographie.
Hevelius, annus climactericus.
Hevelius, cometographia.
Képler, de cometis libelli tres.
Cysatus, cometographia.
Halley, tables astronomiques.
Lubieniecius, historia cometarum.
Flamsteed, histoire céleste.
Hooke, posthumous works.
Connaissance des temps, pour 1819, 1832, 1833.
Berliner, astronomisches Jahrbuch.
Monatliche, correspondenz von Zach, vol. X.
Schumachers, astronomische nachrichten, vol. X et suivants.
Mémoires de l'Académie des sciences de Paris, de 1759, 1760.
    1767.
Philosophical transactions, années 1683, 1759, 1763, 1765.
Abhandlungen, der schwedischen Akademie 1760.
Mémoires de mathém. et de physique, vol. IV, V et VI.

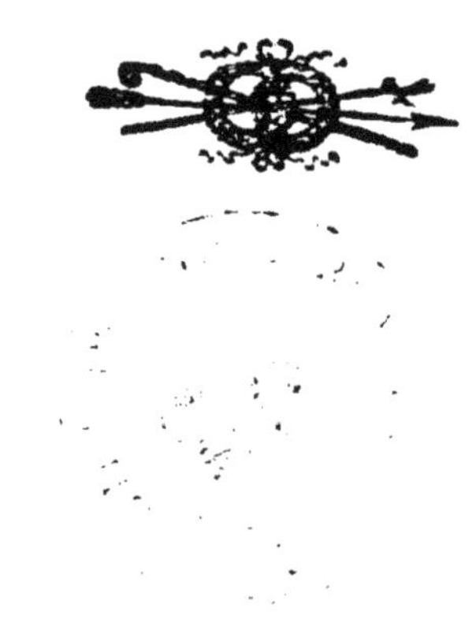

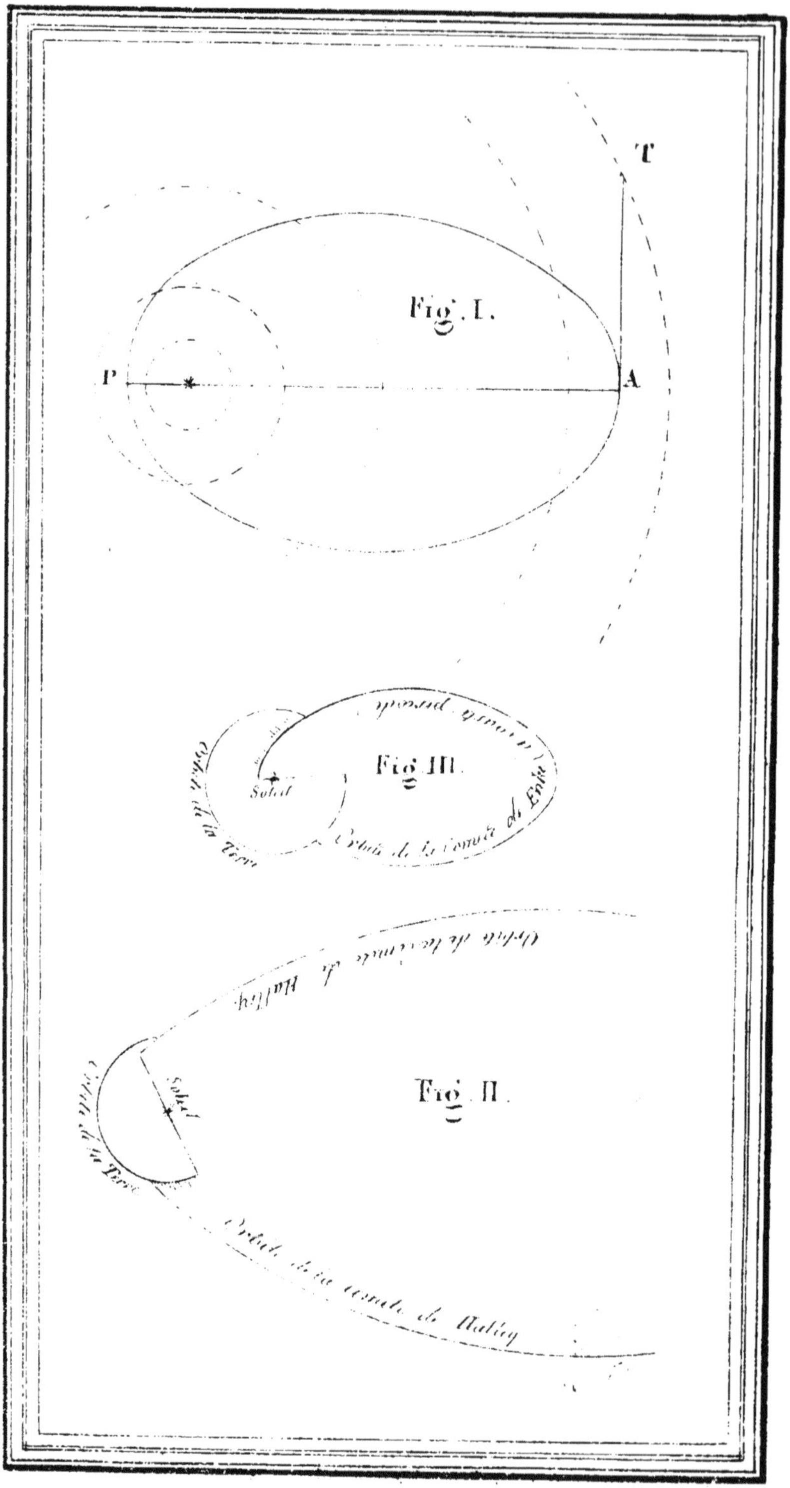

Fig. I.

P   A

T

Fig. III.

Soleil

Orbite de la comète d'Encke

Orbite de la Terre

Fig. II.

Soleil

Orbite de la Terre

Orbite de la comète de Halley

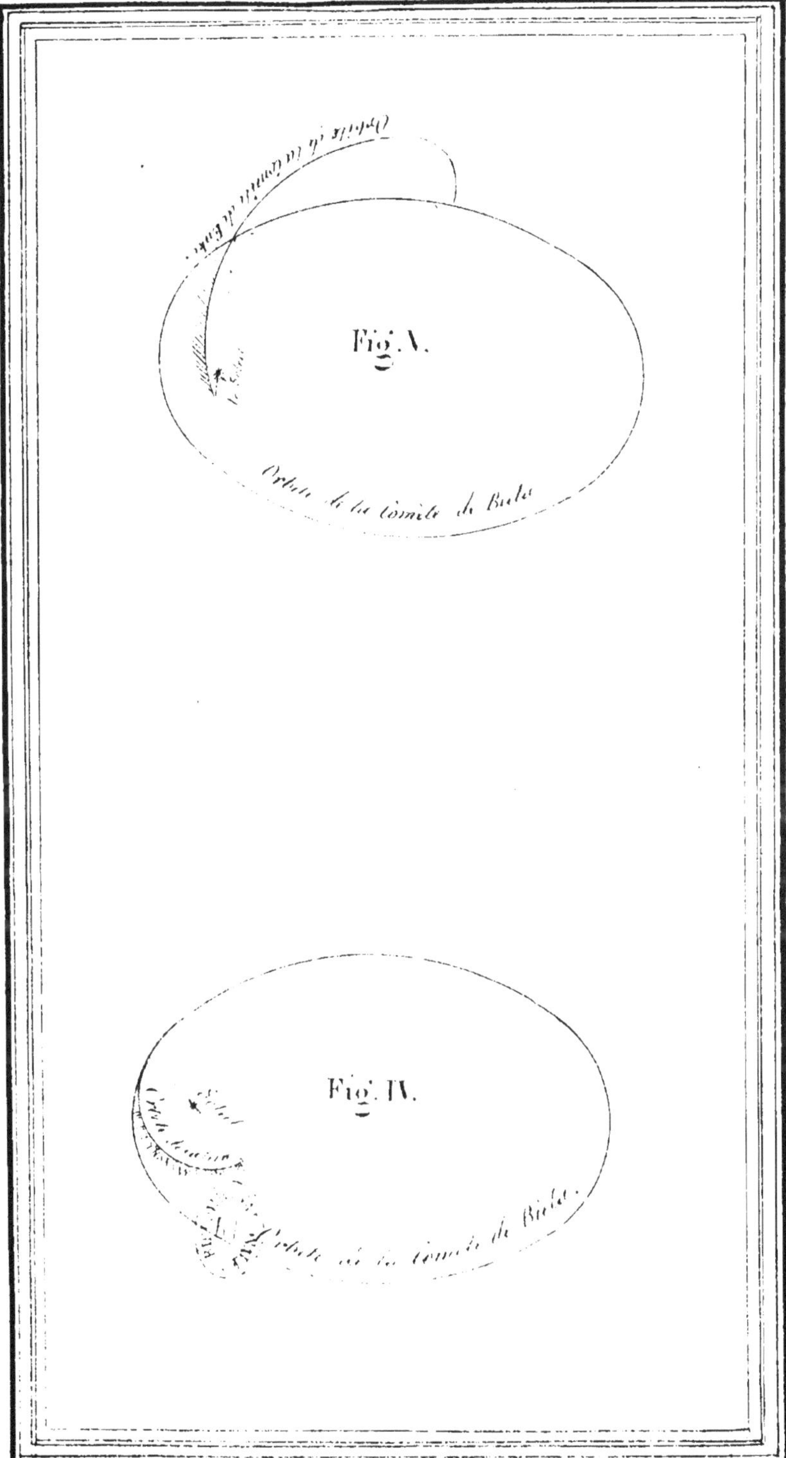
Orbite de la comète de la Terre
le Soleil
Fig. V.
Orbite de la comète de Biela
Cercle tracé
le Soleil
Fig. IV.
L'orbite de la comète de Biela

www.ingramcontent.com/pod-product-compliance
Ingram Content Group UK Ltd.
Pitfield, Milton Keynes, MK11 3LW, UK
UKHW031805170726
13836UKWH00003B/1189